KB260904

시앵티아

과학에 불어넣는 철학적 상상력

시앵티아

과학에 불어넣는 철학적 상상력

최종덕 지음

당대

시앵티아
과학에 불어넣는 철학적 상상력

ⓒ 최종덕

지은이/최종덕
펴낸이/박미옥
펴낸곳/도서출판 당대
제1판 제1쇄 인쇄 2003년 12월 9일
제1판 제1쇄 발행 2003년 12월 16일

등록/1995년 4월 21일(제10-1149호)
주소/서울시 마포구 연남동 509-2 3층 ⑨ 121-240
전화/323-1315 팩스/323-1317
e-mail/dangbi@chollian.net

인간의 사유는 존재의
사슬에서 벗어날 수 있을까

구름이 없다면 하늘의 깊은 맛도 느끼지 못한다. 가을하늘, 흰 구름이 저 멀리서 나름대로의 모양을 하고 있으니 하늘의 장엄함이 비로소 꽃피게 된다. 저기 저쪽 구름 한 무리가 낮은 땅에서 높은 하늘까지 용의 형상을 하고 있다. 한참 후에 보니 용의 형상은 간데없고 흩어진 조각구름만이 있다. 용의 하늘무늬를 아쉬워한들 모두가 지나간 것이며, 잡히지 않는 흐름일 뿐이다.

변화를 느끼는 것은 과거에 집착하지 않음이다. 그래서 변화를 인정하는 일은 부정의 상상력이며 비판의 근거이며, 새로움의 시작이기도 하다. 구름무늬가 있다가 없어지는 것은 느낄 수 있지만, 원래 없던 구름무늬를 없다고 느끼는 것은 쉽지가 않다. 마찬가지로 구름무늬가 없다가 생기는 것은 느낄 수 있지만, 마음을 새로이 고쳐먹고 원래 있는 것을 있다고 느끼는 일은 쉽지가 않다.

변화에 대한 인식은 있음과 없음을 아는 것이 아니라, 있게 되는 것과 없게 되어가는 흐름에 대한 깨달음이다. 결국 변화를 아는 일은 새로움을 아는 일이다. 그리고 그 새로움을 내 몸의 언어로 발산시킬

수 있는 인식의 실천이 중요하다.

그래서 하늘에서 용의 무늬가 없어짐을 아쉬워하는 것이 아니라 또 다른 형상이 무한히 그려질 수 있다는 것에 대한 기쁨이 바로 변화를 아는 일이다. 용의 구름무늬가 없어졌다고 해도, 하늘은 용궁이나 백두산 혹은 새털이나 로봇 태권V의 구름무늬가 다시 그려질 수 있는 가능성을 새로이 갖게 된 것이다.

변화는 있음의 지워짐이 아니라, 있음의 다양성을 슬쩍 말하고 있다. 그래서 변화에 대한 인식은 꽉차 있음과 동시에 적멸(寂滅)의 실존성을 보여주기도 하지만, 더 나아가서는 우리를 '새로움'에 대한 존재논리로 안내해 준다.

자연을 읽어 내려가는 과학적 사유의 노정(路程)에서 새로움이란 없는 것에서 있는 것을 만드는 것이 아니라, 이미 있는 것에서 다른 있는 것으로 전환한 결과일 뿐이다. 그래서 과학적 사유는 상상력을 업고서야 비로소 그 빛을 낼 수 있다.

그러나 상상력은 때때로 사유를 넘어서 있다. 사유는 존재에 갇혀 있지만, 상상력은 존재의 철창을 부수고 자유의 들판을 향한다. 그래서 상상력은 비존재를 말할 수 있다. 비존재는 존재하지 않는 것이라고 말하기도 하고, 또 어떤 이는 존재의 논리적 모순일 뿐이라고도 말한다. 이런 존재의 모순적 개념을 놓고, 존재한다는 둥 존재하지 않는다는 둥 목소리를 높이다 보면 우리의 목소리는 허공만 흔들 뿐 내용에 관해서는 아무것도 이야기하지 못하게 된다.

비존재가 존재의 모순 개념이라면, 존재 역시 비존재의 모순 개념에 지나지 않음을 짐짓 모른 척해서는 안 된다. 존재와 비존재는 언어적으로만 대립 개념일 뿐, 반드시 만나야 할 우주적 상태함수들이다. 인간이라는 변수를 가지고 존재 혹은 비존재로 나누고 있을 따름이다.

일찍이 플라톤 이전부터 파르메니데스라는 고대 그리스 철학자는 우리 일상생활에서 경험하는 변화하고 생성·소멸하는 것을 존재의 범주에서 모두 제거시켜 버렸다. 그에게 존재란 오로지 불생, 불멸, 불변의 그 무엇이었다. 따라서 일상적인 변화의 세계는 모두 비존재일 뿐이다. 철학은 반드시 존재를 다루어야 하며 이것을 바로 형이상학이라고 말한다.

이렇게 고대 그리스 때부터 비존재를 추방해 온 서구 형이상학의 전통은 자연과학적 사유에도 그대로 계승되어, 근대과학에서 정점을 이루었다. 그리고 이러한 관행에서 과학은 사유의 전유물이며, 상상력은 과학의 장애물이라는 통속적인 이분법의 오해가 형성되었다.

사유를 넘어선 상상력이 과연 무슨 뜻인지 쉽게 감이 잡히지 않을 수 있다. 그렇다면 언어를 벗어난 사유가 가능한지 한번 질문해 보자. 이로써 그 뜻풀이를 대신할 수도 있을 것 같다.

　공상과학영화 제작자 한 사람이 있다고 가정해 보자. 그는 가능한 모든 상상력을 동원하여 영화에 출연할 우주괴물을 만들었다. 그 괴물은 눈이 다섯 개이고 손은 열두 개, 다리는 여덟 개이며, 피부는 완전 탄성체라서 어떤 속도의 총알도 막아낼 수 있다. 그러나 상상력의 산물인 이 우주괴물 역시 인간이 사용하는 언어를 확장시킨 조립품에 지나지 않음을 쉽게 알 수 있다. 공상과학영화 제작자가 상상력을 동원하여 만든 팔이며 다리, 눈, 피부는 결국 인간의 언어를 재조합한 것일 뿐, 우리의 언어를 초월한 존재는 아니라는 사실이다.
　과연 논리적 사유는 언어를 넘어설 수 있는지, 더 나아가 상상력조차 과연 인간언어를 초월하여 가능한 것인지를 진지하게 질문해 보아야 한다. 나는 이에 대한 답을 여기 책머리에서 하고 싶지는 않다. 다만 독자들 스스로 이 책에서 어렴풋하게나마 그 답을 찾기를 희망한다.

형식적 논리와 체험적 상상력은 서로 조화될 수 있는가

한번은 초등학교 2학년에 다니는 조카아이에게 집 앞 가게에 가서 양파를 사오라고 심부름을 시킨 적이 있다. 조금 뒤 의기양양한 얼굴을 하고 돌아온 아이의 손에 들려 있는 봉투 안에는 양파는 없고 양파깡 과자만 들어 있었다. 그 아이는 어른이 시킨 심부름에 최대한의 성의를 보였지만, 그것은 단지 그 아이가 가지고 있는 세계 안에서 행한 최대한의 행위였다.

사람들은 누구나 자신의 성곽 안에서 살고 있다. 그 성곽 안에서 세계는 성곽 안의 우물에 비친 모습으로 제한될 뿐이다. 이와 같은 세계를 부정적으로 말하면 편견이고 선입관이 되는 것이다. 선입관과 편견은 자신의 시각을 남의 눈을 통해서 보려는 무임승차의 독단일 뿐이며, 그 독단의 벽돌을 쌓아올려 자신만의 성곽을 쌓게 된 경우이다. 어떤 이는 선입관의 역사가 삶의 질곡의 역사라고 한다. 따라서 이러한 삶의 질곡의 역사는 삶이 짓누르고 있는 영원한 갈등의 악순환에서 벗어날 수 없었다.

서구과학의 역사는 사람과 사람 사이의 신화적 압박으로부터 사람과 사물 사이의 이성적 압박으로 전환하는 과정에서 시작되었다. 고대 그리스인들은 진리를 찾기 위하여 사람과 사람 사이의 끈에서 벗어날 것을 요청하였다. 그 대신 그들은 사람이 바라보는 사물의 세계 속에 진리가 존재한다고 보았다. 그래서 바라보는 사람에 따라 달리 보이는 사물은 진리의 진정한 거울이 될 수 없다고 생각했던 것이다. 그리고 진리에 더 가까이 가기 위해서는 세계를 바라보는 사람의 주관성을 배제해야 한다고 보았다.

이런 생각을 객관성이라 일컬었고, 이 객관성은 서구과학이 세계를 바라보는 가장 중요한 힘이 되어왔다. 이 세계관은 사물에 천착되었으며, 뉴턴 역학과 같은 서구 근대과학 혁명의 씨앗이 되었다.

그러나 20세기 들어와 아인슈타인은 사람이 사물을 관찰할 때는 원천적인 한계가 있음을 인정해야 한다고 보았다. 즉 과학이 객관적이라는 말은 과학이론을 형성해 가는 추론과정에 대한 정당화의 기준일 뿐, 세계를 바라보는 밑그림과 대상을 과학이론의 변수로 만드는 발견의 과정에 대해서는 객관적이라는 기준을 적용하기 어렵다고

고백해야 했다. 이 두 과정을 과학철학에서는 '정당화의 논리'와 '발견의 논리'라고 말한다. 아인슈타인은 발견의 논리를 말하면서, 발견을 추구하는 과학자는 과학자 자신의 심리적 배경이나 사회적 관습, 역사적 관성 등과 같은 색안경을 벗어던질 수 없다고 했던 것이다.

이것을 흔히 '관찰의 이론의존성'(theory ladeness)이라는 어려운 용어로 표현한다. 요컨대 과학적 발견을 위한 모든 경험적 관찰은 기존의 과학이론에 의해 주어진 사고의 틀 안에서만 가능하다는 말이다. 그래서 과학은 결국 사람과 사물 사이의 영원한 갈등구조를 안고 가야만 한다는 것이다.

한편 이와 같은 과학의 갈등구조는 대상을 바라보는 논리적 사유를 정형화시켰는데, 여기서 논리적 사유는 사물들을 차이에 따라 구분하고 비슷한 것끼리 묶어놓는 기능을 하였다. 2500년 전에, 고대 그리스의 아리스토텔레스는 이러한 논리적 사유의 기능을 종-강-목으로 나누는 생물종의 분류방식에 유용하게 사용하였다. 이리하여 아리스토텔레스는 인류 최초의 과학자가 된 셈이다.

그러나 여기서 문제가 생기기 시작했다. 과학에서 논리적 사유는 사람과 개별 사물 사이의 관계였다고 앞에서 말했는데, 이러한 과학의 사유구조가 사람과 사람 사이의 관계에도 적용되기 시작한 것이다. 논리적 사유를 사물에 적용하여 과학의 성과를 이루어내기는 했지만, 근대 이후 산업화와 더불어 사람에게도 적용함으로써 인간소외의 현상이 나타나기 시작한 것이다. 바로 이것이 오늘날 자주 이야기하는 문명위기의 핵심이다.

그렇다고 해서 우리는 소외의 책임을 전적으로 논리적 사유 혹은 과학적 사유구조에다 물을 수는 없다. 왜냐하면 사물에 적용해야 할 논리를 사람에게 적용한 것이 문제였기 때문이다. 즉 상상력으로 풀어야 할 문제들을 논리를 통해서 풀어가려는 존재사유의 독단이 문제인 것이다. 마찬가지로 논리로 풀어야 할 문제를 상상력으로 풀어가려는 것 역시 더 큰 문제를 불러일으킨다. 수학문제를 상상력으로 풀려 하거나 사랑의 관계를 논리로 풀려 하는 일들 모두가 인간의 역사를 불행하게 만드는 문명의 독단에서 비롯된 것이다.

과학과 신화에 대한 가치판단을 너무 쉽게 결정해 버린 문명인은 마찬가지로 논리와 상상력의 기준과 차이를 존재의 편에서만 단정적으로 갈라내었다. 과학에도 엄청난 상상력이 내포되어 있음을 우리는 잘 모르고 있으며, 신화 속에도 대단한 삶의 논리구조가 내재되어 있음을 모르는 듯하다.

과학이 우리 문명을 지배하면서부터 논리와 상상력은 분리된 모습으로 잘못 인식되게 되었지만, 이제 과학이 좀더 성장하기 위해서는 논리와 상상력의 필연적인 만남이 요청된다.

우리는 현대라는 시간의 배를 타고 있다. 그 배는 과학, 이성, 기술, 물질, 소외, 자본이라는 돛대들을 달고 마냥 앞으로 항해하고 있다. 그 어느 돛대를 다른 것과 분리하여 혼자 세울 수 없는 것은 너무 당연한 역사적 사실이 되었지만, 그중에서 과학이라는 돛대가 가장 큰 바람을 맞으며 배의 방향을 정하고 있다는 것은 분명한 사실이다. 그럼에도 불구하고 우리는 과학에 대한 문외한임을 당연한 듯 여기기도 한다. 이 책은 이에 대한 심각한 반성에서부터 쓰게 되었다.

이 책은 크게 물질계와 생명계로 나누어, 최근에 이루어진 자연과학의 성과들을 인문학적 질문방식으로 재구성하였다. 우선 과학 자체를 내적으로 반성하는 메타과학의 문제를 철학적인 측면과 사회적인 측면에서 다루었다. 다음으로, 거시와 미시의 대상세계를 조망하는 생명계의 문제를 살핀 뒤, 우주라고 하는 거시세계와 양자 차원의 미시세계를 대비하여 다루고 있다.

모두 5개의 장으로 구성되어 각각의 장은 별개의 주제를 다루고 있지만 궁극적으로 과학적 사유와 세계관, 논리와 상상력, 과학과 철학, 나아가 존재와 인식이 어떻게 만나고 있는지를 보여주려고 했다. 각 장별로 등장하는 질문들 역시 쉬운 주제는 아니지만 최대한 일상적인 언어로 풀어보려고 노력했다.

이 원고가 책의 형태로 나오기까지 우여곡절이 많았지만, 당대출판사의 독려와 어려운 용어들을 어김없이 지적해 준 최순덕의 도움으로 마침내 세상의 빛을 보게 되었다.

차례

1

과학과 사회의
관계에 대한 비판적 질문

나는 누구인가

　20세기 들어와서 의학의 발전이 인간의 평균수명을 연장시켰음은 분명하다. 그중에서도 태어나자마자 맞는 각종 예방주사 덕분에 유아사망률이 눈에 띄게 낮아졌다. 어린아이들이 잘 걸리는 전염병 가운데, 지금은 없어졌지만 과거에 가장 피해가 컸던 천연두 역시 예방접종 덕분에 피해 갈 수 있게 되었다. 그리고 이같은 접종은 면역의학의 최대 성과로 기록되고 있다.

　면역학은 서양에서 19세기 후반 메치니코프(Mechnikov)에 의해 시작된 것으로 알려져 있다. 그러나 면역학적 임상치료는 그보다 훨씬 앞선 16세기경 중국에서 시작되었다는 문헌이 있다. 중국 과학사 연구의 대표자로 불리는 조지프 니덤(Joseph Needham, 1900~95)에 의하면, 당시 중국에서는 소의 고름을 부드러운 천에 묻혀 코 안쪽 점막에 넣는 식으로 해서 천연두를 예방하였다고 한다. 이러한 방식은 일종의 이독공독(以毒攻毒)이라는 동양의학의 개념을 응용한 것이라고 볼 수 있다.

이독공독이란 한마디로 독을 독으로 치료한다는 뜻으로, 일종의 동종요법에 해당한다. 외부의 나쁜 기운이나 전염병원균이 몸에 들어오기 전에 신체가 그 외부인자를 이겨낼 수 있을 만큼의 아주 약한 세균을 미리 접종시켜 신체로 하여금 나중에 센 세균이 들어와도 저항할 수 있게 자신의 세포를 훈련시키는 방법이다.

메치니코프(1845～1916)

　이독공독의 개념은 신체가 외부인자에 반응하는 아주 독특한 방식이다. 먼저 약한 외부인자를 받아들이는 신체의 세포는 그 약한 인자와 작용하면서 누가 주인이고 누가 침입자인지를 구별해 내야 한다. 자신의 몸이 받아들이는 예방접종으로서의 약한 독은 처음에는 침입자이지만 받아들인 후에는 주인으로 변한다. 그렇게 주인으로 변해야만 나중에 진짜 센 독이 침입자로서 들어올 때, 주인 역할을 해낼 수 있는 것이다. 면역학의 가장 중요한 의미는 주인과 침입자가 서로 바뀔 수 있고, 주인의 범주가 매우 모호하다는 점이다. 다시 말해서 주인의 범주가 고정된 것이 아니라 환경에 따라서 변할 수 있다는 말과 같다.

　이제 주인을 자아(自我), 침입자를 비자아(非自我)라는, 좀더 철학적인 용어로 대신해서 쓰기로 하자. 그렇다면 면역학에서 말하는 면역학적 자아는 고정되게 주어진 것이 아니라, 외부조건에 따라 만들어가는 자아이다. 그래서 면역학적 자아의 정체성은 폐쇄된 것이 아니라 개방된 시스템이다. 고등학교 생물교과서에서 면역작용을 설

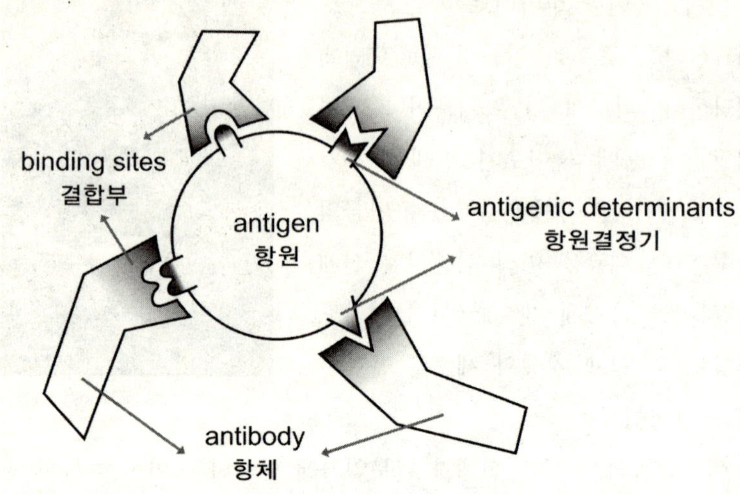

〈폐기된 이론: 항원-항체 반응의 주형모델〉

명할 때 나오는 그림 가운데 요철형의 설명이 있다. 항원이 둥근형이거나 뾰족한 형태라면 항체도 둥글거나 뾰족한 끝을 갖는다는 주형(template)모델은 이미 폐기된 설명방식이지만, 그래도 비슷하게나마 면역과정에 대한 이해를 돕고 있다.

그러나 항체는 이런 방식으로 우리 몸 속에 이미 존재하는 것이 아니다. 단지 면역성이라는 작용이 있을 뿐이다. 면역성이라는 세포단위의 과정은 사과나 돌, 소나무나 김철수 혹은 신장이나 소뇌처럼 특정 위치를 차지하고 있는 사물이 아니다. 그저 면역성일 뿐이다.

인간은 이미 언어에 구속된 존재라서, 언어로 표현된 명사형의 사물이 먼저 있어야 그 사물이 기능이나 작용을 한다고 믿는다. 그러나 명사형의 사물이 존재하지 않고 기능과 작용만 있는 것도 얼마든지 존재할 수 있다. 쉬운 예를 들어, 주가가 600에서 500으로 떨어졌다고 하자. 그렇다면 주가의 명사형 주체가 존재하는가? 아니다. 그럼에도 불구하고 우리는 주가가 떨어졌다느니 올랐다느니 말한다.

이처럼 면역성은 외부 이물질의 침입으로부터 숙주를 보호하고, 손상된 부위를 고치고, 죽은 세포를 청소하고, 악성물질을 분해하는 활동을 일러 말할 뿐, 기존의 개념처럼 면역의 고정된 주체는 존재하지 않는다.

요컨대 면역학에서의 자아 개념은 전통적인 서구과학과 철학에서 말하는 자아 개념과 사뭇 다르다. 서구 전통의 자아 개념은 고정된 실체이거나 객관적인 대상과 확연히 구분되는 뚜렷한 감각주체로서의 개념이다. 그래서 주관과 객관이 구분되는 이원론적 철학이라고들 말한다. 하지만 면역학에서의 자아는, 앞서 말했듯이 주관과 객관이 뚜렷하게 구분이 안 되는 상호 작용자로서의 자아이다.

상호 작용자로서의 자아라는 말은 쉽게 이해가 되지 않을 수 있다. 왜냐하면 우리는 고립된 개체의 정체성만을 자아라고 인식해 왔기 때문이다. 하지만 자아의 고정성과 고립성의 개념에서 벗어나기만 한다면, 자아의 집착과 모순의 문제를 상당 부분 해결할 수도 있다.

자아의 존재를 강조하기보다는 자아의 비존재 혹은 전체에 분유(分有)된 자아의 의미를 수용할 경우, 자아의 집착과 욕심의 틀에서 벗어날 기회가 많아진다. 자아는 강물의 흐름과 같아, 강물의 일부를 떠내어 자아라고 말하는 순간 그 자아는 허상이 된다. 고착된 자아는 소유와 집착을 낳는다. 반면 상호 작용자로서의 자아는 명사 형태의 자아의 실체성을 부정한다. 그리고 강물의 흐름과 같은 자아는 동사 형태로 열려 있으며 자연의 운동과 섭동하는 자아이기도 하다.

결국 자아는 고립되고 원자론적인 개별자로 인식되기보다 상호적 관계의 한 축으로서 인식될 때, 바로 그때 자아의 정체성이 확보될 수 있다. 이를테면 면역학적 자아의 의미를 자연생태계의 한 모습에서 찾을 수 있는데, 그 한 가지 사례로 개미들의 생태적 자아의 의미를 이야기해 보겠다.

어느 숲속에 일개미들이 모여 사는 흙더미 개미집이 있다고 하자. 그런데 개미집 흙더미 안의 일개미들 사이에는 말 그대로 일만 하는 개미들이 아니라, 일을 하지 않고 노는 개미들이 일정 비율로 존재한다. 이와 관련하여 한 생태학자가 발표한 것이 있다. 그 생태학자는 파일럿 실험이라는 일종의 소규모 표본실험 결과를 발표하면서 개미 군집의 생태적 연대성을 부각시켰다.

예를 들어 10만 마리의 개미무리가 하나의 개미집을 차지하고 있다고 한다면, 그 가운데 7만 마리는 일을 하고 나머지 3만 마리는 일하지 않고 논다. 그래서 일하는 개미 7만 마리와 노는 개미 3만 마리를 분리시켰다. 그러자 이와 동시에 일하는 개미 7만 마리의 소군집 안에서 자동적으로 다시 30%의 노는 개미가 형성되고, 노는 개미 3만 마리 소군집 안에서 자동적으로 70%는 다시 일하는 개미가 되었다는 것이다.

이 보고서의 핵심은 분리시킨 두 소군집 사이에서 일어난 비율의 변화가 동시적으로 일어난다는 사실과, 그들 사이에서 어떤 개미는 일하고 어떤 개미는 놀게끔 하는 외형의 물리적 신호가 없었음에도 불구하고 자동적으로 노는 개미와 일하는 개미로 분리되었다는 사실이다.

이 사실은 우리 인간들에게 매우 놀랄 만한 의미를 던져주고 있다. 개미의 개체가 분리되었다는 이성적 전제를 가질 경우, 우리는 이런 개미군집의 현상을 도저히 이해할 수 없다. 이렇게 분리된 존재에 대한 이해는, 이 세계는 상호 아무 관계 없이 고립되고 개별적인 개체적 사물들로 구성되어 있다는 원자론(原子論)적 사유방식을 바탕으로 하고 있다. 원자론적 사유는 서구과학의 방법론적 기초를 만들었으며, 오늘날 산업사회가 낳은 개인주의의 한 단편을 반영하고 있기도 하다. 그래서 물질의 풍요로움을 획득했다고 말하는 이도 있지만, 불행하게도 우리 인간은 사람들 사이에 그리고 사람과 자연 사이에 오고가는 관계의 끈들을 모두 상실하고 말았다. 이와 같은 문명론적 상황을 철학에서는 '인간소외'라고 표현한다.

인간소외에 대한 위기감은 서구사회에서 먼저 표출되었고, 당연히 이런 위기를 극복하려는 대안적 사유가 등장하였다. 그중 하나가 세계를 하나의 연결망으로 보는 전일론적 세계관이다. 전일론적 세계관에서는 기존의 분석론적 세계상 대신에 부분들의 단순한 합을 넘어선 전체의 상호 연결망을 부각시키고자 했다. 그러나 이 상호 연결망이라는 것은 분석의 대상이 될 수 없으며 동시에 초월적으로 존재하는 형이상학적 실체도 아니다. 일종의 관계성이지만 분명히 내재적인 그 무엇이다. 따라서 이런 내재적 상호 연결망의 모호한 개념을 설명하기 위해서는 관계적 자아의 의미를 부각시킬 필요가 있다. 여기서 관계적 자아란 나와 너 사이의 통합적인 연대와 관계를 통해 전체와 부분이 항상 대화하고 있는 하나의 세계임을 몸으로 느낄 때 성립한다. 하지만 불행하게도 현대의 문명사회에서 나와 너의 공동체적 대화는 점점 사라지고 있다.

나는 누구인가

공동체성이 상실되면서 야기된 삶의 소외는 당연히 너와 내가 함께하는 공동체적 소유가 아니라 나만의 소유를 고집할 때 더욱더 가속화된다. 물질문명이 지배하는 현대 자본주의 사회는 이러한 소유의 문제를 해결하지 못함으로 해서, 심각한 존재의 파괴가 일어날 수 있다.

한 가지 예를 들어보기로 하자. 집에서 요리할 때 가끔 양파를 다듬게 된다. 우선 겉껍질을 벗기고 칼질을 하려는데 속껍질이 물러 터져서 다시 한 겹을 더 벗겨낸다. 그런데 그 다음 겹도 물러서 다시 벗겨냈는데도 또 물러 터져 다시 한 겹을 더 벗겨낸다. 이렇게 자꾸 벗겨내니 막상 먹을 양파가 없어져 버리고 만다. 양파는 내용물이 겹층으로 되어 있어서 어디까지 내용이고 어디까지 껍질인지 구분할 수가 없다. 양파는 사과처럼 껍질과 내용물이 구분되는 것이 아니라는 말이다.

먼 옛날 신석기 말기부터인지 언제인지는 확실하지 않지만, 인간에게서 언어와 삶이 유리되면서 우리는 존재와 인식과 행위를 나누어 생각하는 버릇이 생겨났다. 존재를 지칭하는 주어가 반드시 먼저 있어야만 인식과 행위를 기술하는 동사를 그 주어에 갖다붙일 수 있다는 생각에 우리는 얽매여 있다. 존재는 고정된 어떤 틀이 있다는 생각, 그리고 그 고정된 존재가 있어야만 비로소 인식과 행위를 할 수 있다는 생각이 바로 세계를 분화시키는 사유의 출발이 된다. 그리고 이런 이분화된 사유는 대상과 나를 구분하여, 나를 중심으로 대상을 보려는 자아중심적인 언어행위의 시작이기도 하다.

생명사상의 스승이신 무위당 장일순 선생의 자아를 찾아가는 선승 그림

그러나 이런 사유는 결국 양파를 겹겹이 벗기다 보면 아무것도 먹을 수 없게 되는 원숭이의 얄팍한 재주에 비유될 수 있다. 다시 말해서 자아와 대상의 구분은 인간에게서 소유의 영원한 욕심을 낳게 하는 사유의 원천이라 할 수 있다.

하지만 인간과 달리 동물들에게 소유의 의미는 욕망의 인식이나 그것을 얻으려는 행위에 그치는 것이 아니라, 인식과 행위가 같이 녹아 있는 존재 그 자체이다. 어려운 말이기는 하지만, 아메바의 포식 작용을 떠올려보면 쉽게 이해할 수 있을 것이다.

아메바는 먹이를 포식하기 위하여 자신의 몸 일부를 뻗어 먹이에 부착시킨 후, 몸체를 끌어당겨 그 먹이를 감싸는 행위를 한다. 그렇게 뻗어내리는 아메바의 몸 일부를 우리는 허족(虛足, pseudopodium)

이라고 부른다. 그러나 허족은 몸체와 따로 분리된 독립된 존재가 아니라 하나의 몸일 따름이다. 이렇듯 아메바의 몸이 아메바의 존재라면, 행위를 담당하는 허족도 아메바의 존재이다. 그래서 아메바에게서 존재와 행위는 구분되는 것이 아니다. 그리고 허족의 뻗침이 아메바에게 있어서 행위이듯이 동시에 그 행위는 먹이를 포식하려는 인식작용이기도 하다. 그래서 아메바에게서 인식과 행위는 같은 것이다. 요컨대 아메바에게서 존재와 인식 그리고 행위는 분리될 수 없는 하나의 생명현상이다.

그러나 인간은 인간으로의 진화과정에서 존재와 인식과 행위의 일체가 깨어지고 분화되기 시작하였다. 특히 문명사회로 들어서면서 인간의 인식과 행위는 완전히 갈라서게 되었다. 있는 대로 말하는 사람은 적어지고, 아는 대로 행동하는 사람은 더욱 줄어들었다. 문명은 인류에게 물질적인 풍요로움을 가져다주었지만, 물질의 풍요로움은 끝없는 소유의 유산이었다. 그래서 나의 소유는 많을수록 좋은 것이고, 나의 소유는 필연적으로 너의 결핍을 동반하게 마련이었다. 소유의 나는 살아남을 수 있고 결핍의 너는 죽을 수밖에 없다는 강한 약육강식의 논리가 문명사회의 지배논리로 되었다.

인간 소유욕구의 특징은 그 욕구가 충족될지라도 여전히 소유욕을 버리지 못하고 더 많은 소유에 집착한다는 점이다. 존재와 인식과 행위가 통합된 동물의 소유는 존재의 욕구가 충족되면 그것으로 소유의 욕구도 그치고 만다. 이 점이 인간이 다른 동물과 결정적으로 차이가 나는 특징이다. 동물은 존재의 소유가 해결되면 그것으로 소유의 행위도 그친다. 그러나 인간은 자신의 존재를 유지하기 위하여 끊임없이 소유를 지향한다. 존재를 유지하는 수준이 아니라 존재를 확인하기 위하여, 소유를 계속해야 한다고 생각한다. 예를 들어보자. 먹이사슬의 정점에 있는 땅의 사자나 혹은 물의 상어도 배가 채워지면 먹이사냥을 그친다. 그러나 인간은 아무리 배가 불러도 오로지 소유를 위해서 계속 소유욕망을 실현코자 한다.

인간의 소유욕망은 더 이상 개체의 존속과 종의 증식을 위한 인식적 도구가 아니라, 문명사회와 함께 주어진 인간의 가장 큰 존재특징이 되어버렸다. 이제는 소유욕이 오히려 인간상실과 집단절멸의 위기를 자초하고 있다. 오늘날 지구상의 환경위기, 인간소외, 자원고갈, 국제분쟁 등에서부터 주변에서 일어나는 화내고 다투고 시기하고 뽐내고 남 업신여기는 등의 행위에 이르기까지 그 모든 세간사의 분화된 존재는 모두 소유의 질곡으로부터 생긴다는 것쯤은 어린아이들도 다 알고 있다.

관계론적 자아의 회복

관계론적 자아의 모습이 상실되면서 우리는 과연 내가 누구인지를 아주 자조적으로 묻는 소외의 상황에 직면하게 된다. 나는 누구인가? 하지만 복잡한 현대 산업사회 속에서 이런 질문을 스스로에게 던져본 사람은 의외로 많지 않은 것 같다. 기껏해야 나는 내 직장의 총무부 대리이고 동네 조기축구회 총무이며, 고등학교 동창회 간사이고, 두 아이의 아비이며 등등의 역할의 집합으로서 나를 규정하고 말기 십상이다. 이런 자아는 앞서 이야기했듯이 집착의 자아를 낳을 뿐이다. 이런 자아는 껍질을 벗기고 또 벗기면 아무것도 남지 않는 양파와 같은 자아이기도 하다. 역할의 집합으로서의 자아는 결국 기계 부속품들의 집합으로서의 자아와 진배없다.

기계를 조립하는 공장에서 노동자들은 컨베이어벨트의 속도에 맞추어 똑같은 부속품을 똑같은 방식으로 조립하는, 맡은 바 역할을 충실히 할 뿐이다. 어떤 노동자가 소변이 마려워도 그 노동자의 생리적 상황에 맞추어 컨베이어벨트가 멈추는 일은 없다. 단지 컨베이어벨트가 정기적으로 멈추는 휴식시간에 그 노동자는 참고 있던 소변을 보아야 한다. 그래서 그 공장 시스템은 인간을 위해서 기계가 있는 것이 아니라, 기계를 위해서 인간이 존재하는 셈이 된다.

현대 산업사회의 가장 큰 특징이 바로 이런 현상이다. 이를 일러 철학에서는 '소외'라고 말한다. 그런데 여기서 말하는 소외는 어떤 사람이 다른 사람으로부터 당하는 소외가 아니라, 인간이 기계로부터 혹은 물질문명으로부터 당하는 문명적 소외를 일컫는다.

1930년대에 나온 〈모던 타임즈〉라는 영화가 있다. 찰리 채플린이 나오는 이 영화는 톱니바퀴로 상징되는 차가운 기계성에 의해서 인간성이 상실되고 인간이 기계의 노예로 전락해 가는 삶의 피폐된 모습을 그리고 있다. 이것이 앞서 말한 철학적 소외이다. 현대 산업사회에서 삶의 소외는 다시금 나는 누구인가를 묻게 만들었던 것이다. 인간을 위한 도구로서의 과학기술이었건만, 이제는 오히려 과학기술이 주인 행세를 하고 인간이 도구화되어 가고 있다. 그리고 도구화되어 버린 인간은 이미 자신이 누구인지를 묻는 질문조차 던질 수 없게 되었고, 결국에는 엄청난 과학기술의 권위 앞에서 돌에다 계란 던지는 시늉조차 해보지 못하고 자신을 포기해 버리곤 한다. 이를 우리는 인간소외의 극대화라고 말하기도 한다.

　극도로 산업화되어 가는 현대 과학기술 사회에서 자신을 포기하는 것이 일종의 중독현상으로 나타나기도 한다. 그래서 마약이나 알코올 중독은 물론이거니와, 요즘은 종교를 가장한 주술과 신비주의 중독이나 정보 유토피아를 가장한 인터넷 게임중독 혹은 소비중독이 큰 사회적 문제로 떠오르고 있다. 이러한 중독현상들은 인간에 대한 사랑을 잃어버림으로써 자신을 그 어디에도 천착시키지 못하고 표류하는 삶의 방황이기도 하다.

　문제는 자신을 상실하고 자연을 상실하고 나아가 미래를 상실하는 중독증이 인간 자신이 선택한 결과가 아니라, 상업주의가 결정해 준 결과라는 데 있다. 그런데 잉여의 소비재까지 소비하도록 만드는 현대 산업사회의 진짜 문제는 소비재뿐만이 아니라 소비주체인 자기 자신을 소비하도록 만드는 문화적 역류구조에 있다.

　아마도 현대인에게서 과학기술은 피해 갈 수 없는 문명적 통과의 레일지도 모른다. 그래서 공상과학영화에 나오는 상황들이 머지않은 미래에 현실로 다가올 수 있다고 본다. 동시에 현대 과학기술은 우리 인류에게 엄청난 물질적 혜택을 주었음을 어느 누구도 부정할 수 없다. 그러나 그만큼 부정적인 측면인 인간성 상실이라는 부작용도 무시할 수 없게 되었다.

　사실 부작용의 근원은 과학 그 자체에 있다기보다는 과학이 기술과 산업 그리고 자본과 결합하면서 생긴 인간의 욕망과 경쟁에서 찾아야 할 것이다. 과학이 발전하지 않았던 옛날에도 사람들끼리의 경쟁과 욕망이 있기는 했지만 그것은 인류의 종족보존이라는 차원에서 나타난 것인 반면, 오늘날 문명사회에서는 지나친 이기심의 충돌이 문제가 되고 있다.

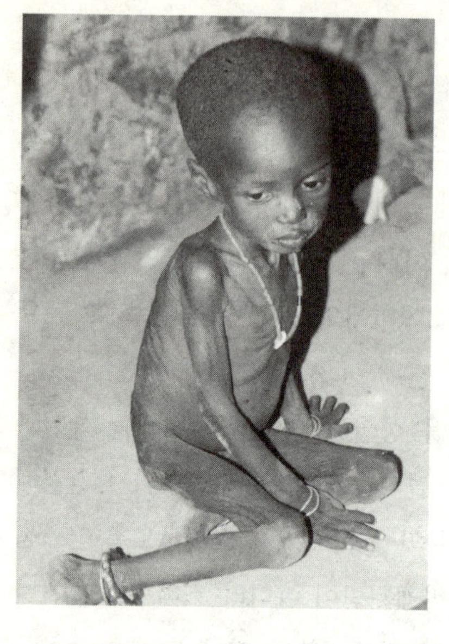

　이러한 과학문명 사회의 부작용을 해결하는 열쇠를 과학 그 자체에서 찾는다는 것은 불가능해졌다. 근원적으로 물질문명이 가져다준 과도한 욕망과 경쟁을 줄일 수 있는 인간적 치유가 필요하다. 그러한 치유는 바로 관계론적 자아를 되찾는 일에서부터 시작되어야 한다.

　사랑하는 연인과 몸을 서로 마주댈 때 자신의 사랑을 확인하면서 동시에 자신의 존재를 확인하게 된다. 마찬가지로 저 멀리 아프리카 땅에서 굶주리는 사람들의 몸을 내 몸처럼 같이하는 일은, 내가 너와 만나고 내가 너 속에 들어 있는 아주 일상적인 관계망의 한 부분임을 느끼는 것이다. 나 하나의 존재는 실은 전체의 그물망 속의 한 매듭일 뿐이다. 그 매듭은 삶 속의 작은 만남의 실현을 통해서 거대한 우주적 삶과 만나기도 하고, 전체 그물망을 하나로 반영하기도 한다. 그래서 상호 관계망은 억지로 만들거나 밖에서 구하는 것이 아니라, 원래 나에게 있는 것을 찾는 일이다. 바로 이것이 중요하다.

사람들은 신비한 것을
왜 밖에서만 자꾸 찾을까

생명체이거나 무생명체이거나 그 탄생은 모두 신비롭기만 하다. 생명을 넘어 우주는 더 그러하다. 천체물리학에서는 우주의 탄생이 빅뱅이라는 대폭발과 함께 시작되었다고 말한다. 우주 대폭발을 통한 우주의 탄생은 '없는 것'에서 '있는 것'으로의 전환이 아니라, 원래 무엇인가가 '있는 것'에서 다른 방식의 '있는 것'으로의 전환이었다.

그러나 과거의 있는 것과 새로이 탄생하여 있는 것은 이른바 특이점(特異點, critical point)이라는 경계로 구분되어 있어서, 그 양쪽은 서로 넘나들 수 없는 전혀 다른 물리계의 영역이다. 전혀 다른 물리계라는 말에서 그 다른 점은, 우선 시간이 흐르는 방향이 다를 수 있다. 지금의 우주와 전혀 다른 물리계라면 지금의 시간 개념, 즉 과거에서 미래로 화살처럼 앞으로만 나아가는 시간이 아니라 거꾸로 가는 시간일 수 있다.

이를 물리학에서는 엔트로피 증가의 법칙이 붕괴되고 엔트로피가 감소하는 방향의 시간 개념이라고 말한다. 물론 대폭발 이전의 물리계에 대해서는 측정이나 실험적으로 검증된 내용이 전혀 없다. 그 결과 우주탄생의 시점을 경계로 하여 그 이전과 이후 사이에는 우주적 기억의 다리가 놓여 있지 않아 서로 대화할 수 없게 분리되어 있는 성곽에 우리는 살고 있다.

현재 물리학에서는 우주 대폭발의 시점을 140억~170억년 전쯤으로 추정하고 있다. 그리고 그 이후 50억년 전쯤에 태양계가 탄생되었다고 한다. 우리가 살고 있는 지구와 함께 말이다. 태양계의 탄생은 신비 그 자체이다. 적당한 거리를 두고 태양과 태양 주위를 도는 행성들이 일정한 주기를 갖고 운동한다는 사실 자체가 경이로운 일이다.

더욱이 지구는 우주 안에서 대서양의 모래 한 알에 붙어 있는 박테리아 한 마리보다도 작은 것이지만, 지구의 탄생은 적절한 대기권과 풍부한 물, 태양열과 대기권이 조화를 이룸으로써 생긴 지구표면의 복사열, 물과 공기의 대류현상 등 우주의 총체적 신비를 모두 지니고 탄생한 듯한 신비로움을 품고 있다.

이런 지구의 조화가 마침내 생명체를 탄생시켰다. 진균세포에서 수생생물로, 식물류와 동물류 그리고 다시 동물은 무척추동물에서 척추동물로 단계적으로 종의 분화가 일어나면서 새로운 생명의 탄생이 거듭되었다. 생명성의 특징으로는 크게 세 가지를 들 수 있는데, 일정한 패턴으로 자극에 대해 반응을 보인다는 점이 그 첫째이고, 자기존속을 위하여 에너지의 유·출입을 조절할 수 있다는 점이 두번째 특징이며, 종의 유지를 위하여 자기와 같은 생명체를 증식할 수 있다는 점이 세번째 특징이다.

이 사실 자체가 생명이 갖는 대단한 신비로움이다. 이같은 신비로움은 유유히 흐르는 강물이나 개천에 널린 돌 같은 무생명체에도 마찬가지로 존재한다. 강물이나 돌 역시, 비록 소나무나 물고기에 비하면 생명 아닌 무생명으로 보일 수 있으나, 우주의 탄생 이전과 비교하면 엄연한 생명이다. 그래서 생명의 가장 중요한 특징은 그것의 신진대사니 진화니 하는 것이라기보다, 함께 더불어 살고 있다는 점이다. 강물이나 소나무나 아프리카 호랑이나 인간 역시 더불어 살 수 있다면 그것이 바로 생명이고, 더불어 살 수 없다면 그것은 이미 죽어버린 무생명이다. 결국 더불어 살 수 있음이 곧 생명의 가장 큰 신비로움이다.

인간의 인체구조를 살펴볼 때 모든 내부장기와 외부, 즉 피부층의 인식기능 구조 모두가 서로서로, 누가 그렇게 하라고 하지 않아도 정말 신비하게 연결되어 있다. 먼지나 돌이 날아오면 우리의 눈은 자동적으로 깜박거린다. 배가 고프면 꼬르륵 소리를 울려주고, 외부와 온도차이가 나면 곧바로 피부에 소름이 돋아 온도조절을 해준다.

더더욱 크나큰 생명의 신비로움은 때가 되면 자기가 알아서 적절한 시간에 스스로 소멸한다는 사실이다. 그래서 죽음은 탄생의 시작을 알리는 중요한 생명의 신호이며, 또 다른 가장 큰 신비로움이기도 하다.

이렇게 세상에는 정말 신기하고 신비한 일이 많다. 날마다 같은 방향에서 해가 뜨고 지는 일, 저녁노을 저편 하늘의 아름다운 땅의 이부자리, 갖가지 색깔을 자랑하며 어우러지는 그림 같은 낙엽의 시(詩)들, 저 멀리 달의 힘의 작용을 받는 거대한 바닷물의 끌고 당기는 힘, 좁쌀보다 더 작은 씨앗이 얼어붙은 땅을 헤치고 나오는 생명의 기운, 세상의 모든 폭포들이 한결같이 위에서 아래로만 떨어지는

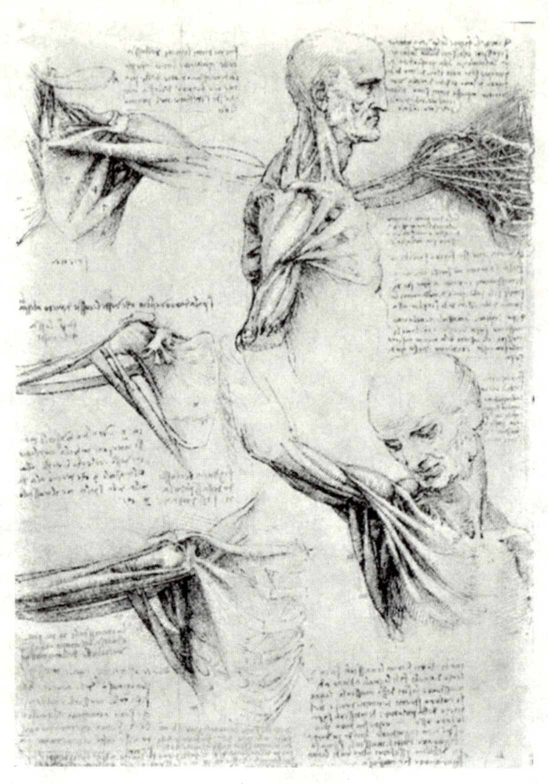

레오나르도 다빈치가 「과학 노트」에서 그린 인체 골격 과 근육

중력의 신비함 등 이루 헤아릴 수가 없다. 죽은 동물의 살점을 한 조각도 남김없이 해치우는 곰팡이의 위대한 자정능력과, 사람이 만든 어떤 동력장치도 따를 수 없는 심장의 박동, 엄지와 검지를 맞붙일 수 있어서 물건을 집어들 수 있는 호모 파베르의 능력 또한 대단한 생명사의 전환이다.

그래서 진짜 신기하고 신비한 것은 저 멀리 미지의 세계에 있는 것이 아니라, 나와 가장 가까운 일상적 주변에 있다. 일상성이 바로 신비함이다. 하지만 안타깝게도 우리는 이런 일상성의 신비를 놓치

34

고 바깥 세계에서 신비를 찾아 헤매는 장님이 되어버렸다. 참된 수양
의 의미를 뒤로한 채 기적적인 특수 건강법이나 부양(浮揚) 효과를
떠드는 이들, 정력제의 환상 속에서 밥상 위의 음식을 버리고 불로초
의 기적을 바라는 아저씨들, 자식들과 교육환경에 대한 진정한 대화
한번 나누지 않고 대학합격만을 기도하는 엄마들, 모두 밖에서만 신
비의 환영을 찾아 헤매는 일상성의 장님이라 하지 않을 수 없다.

하늘을 다시 보자. 일정한 궤도를 따라서 태양 주위로 지구가 돌
고 있다. 참으로 신기한 일이다. 어떻게 저 멀리 떨어져서도 우주의
고아가 되지 않게 태양과 일정한 거리를 두고 도는지, 태양이 끄는
힘이 너무 지나쳐 지구가 태양에 흡입되어 충돌하는 일도 없이 그렇
게 적절한 거리에서 돌고 있는지 정말 신비한 일이다.

뉴턴은 이러한 신비한 현상에 의문을 품기 시작하였다. 왜 그렇게
돌고 있을까? 달리 운동하지 않고 왜 꼭 그렇게만 돌고 있는지 그
이유를 묻는 일상성의 질문이었다. 그러나 뉴턴은 그 '왜'라는 질문
에 대한 답을 끝내 찾지 못했다. 그 대신 그는 '어떻게' 돌고 있는지
를 찾아내었다. 그것이 바로 만유인력법칙이라는 자연과학의 위대한
성과로 나타났다.

이때부터 과학은 세계의 운동에 대하여 '왜'라는 질문을 삼가고 과
학과 신학의 구획(demarcation)을 보여주었으며, 그 대신 '어떻게'라
는 현상해석에 몰두하였다. 어떻게 접촉도 하지 않은 두 물체가 서로
에게 운동의 영향을 줄 수 있는지는 정말로 신비한 일이다. 이런 운
동의 신비한 힘들을 이해하는 일을 우리는 과학에 맡겨놓으면서, 한
편으로 그 운동의 신비함에 대해서는 무감각해지기 시작하였다.

옛사람들은 땅에서 일어나는 운동현상과 하늘에서 일어나는 운동

현상을 구분지어 생각했다. 그래서 땅의 현상은 일상성에, 하늘의 현
상은 신비함에 대비시켰다. 그러나 근대과학은 땅의 일상성과 하늘
의 신비성을 하나로 묶어, 즉 땅의 중력과 하늘의 만유인력을 하나의
운동방정식으로 표현하였다. 그러나 우리는 과학에 의존하지 않으면
서도 그 일상성과 신비성이 하나라는, 삶 속에 또 하나의 세계가 있음
을 잊고 산다. 이것이 바로 나에게 합일된 자연의 내적 통일성이다.

자연 그 자체는 원래부터 일체의 신비성이 없으며 모든 것이 다
일상적인 소통의 내적 구조를 지닌다. 그러나 인간은 자연의 일상성
을 읽어낼 수 있는 눈이 언어에 의해 멀어져 버렸으니 안타까울 뿐이
다. 다시 말해서 인간은 논리언어의 지배력에 눌려서, 자연 자체가
지니고 있는 소통의 내적 구조를 읽지 못하고 있을 따름이다. 그래서
인간은 자꾸 밖에서 신비함을 찾으려 하는 소외의 나락에 빠져 헤어
나오지를 못하고 있다.

나의 손가락 끝만을 볼 수밖에 없는 네가 말하기를 나의 손가락들
은 서로 떨어져 있는 다섯 개의 개별적인 개체라고 하지만, 나에게는
나의 손가락들이 손에 붙어 있는 하나의 손일 뿐이다. 너는 나의 손
가락들이 모두 떨어져 있는 개체라고 여기기 때문에 내 새끼손가락
이 다친 것을 엄지손가락이 동시에 같이 아파하는 이유를 도무지 이
해할 수 없을 터이지만, 나는 나의 손가락들이 모두 나의 손으로 하
나로 묶여 있는 것이기 때문에 손가락끼리의 아픔을 공유하는 것이
너무나 당연한 일이다. 손가락끼리의 아픔을 동시적으로 공유하는
일이 너에게는 신비한 일이지만, 나에게는 아무렇지도 않은 일상성
일 따름인 것이다.

그래서 자연의 소통망은 대단한 외적 구조를 지닌 것이 아니라,

공기를 숨쉴 수 있고 계절을 감각하며 아픔을 느끼며 두려움과 기쁨을 느끼는 생명진화의 결과일 뿐이다. 그래서 자연의 소통망은 생명개체의 진화와 더불어 진화한 환경의 진화결과이며, 일상성을 짓누르는 교조적인 신비주의가 아니라 저편 하늘의 노을과 각양의 단풍들의 어우러짐, 작은 씨앗의 생명기운, 눈의 깜박거림이나 심장박동처럼 일상성의 바구니와 같으며, 단지 '어떻게'가 밝혀지지 않은 일상성의 현시일 뿐이다. 가짜 신비의 환상에서 벗어나 진짜 신비한 일상성을 찾는 일이 바로 삶의 구체성이다. 나아가 그런 일상성이 과학적 사유의 시작이기도 하다.

과학은 문화와 무관한 것인가

과학과 문화는 언뜻 서로 무관한 것 같지만 탄생배경에서 아주 흡사한 면이 있다. 다름아니라 과학과 문화는 창의적 사유와 상상력에 의해 탄생된다는 사실이다. 창의적 사유와 상상력은 획일적인 세계관에 갇혀서는 결코 획득할 수 없다. 나의 주장만이 최종적이고 절대적이라는 생각을 갖는다면, 그것은 이미 창의적이기를 포기한 것과 진배없다. 그래서 창의성을 획득하기 위해서는 남과 공존할 수 있다는, 삶과 사유의 다양성을 인정해야 한다. 과학의 창의성 역시 다양한 삶의 문화로부터 창출된다.

과학과 문화가 다양성의 끈으로 맺어질 수 있음을 모순과 반대라는 논리적 에피소드를 가지고 이야기해 보겠다. 먼저 모순과 반대의 차이를 알아보자.

흰색과 모순되는 색은 검은색이 아니라 흰색이 아닌 모든 색이다. 하양과 검정은 굳이 말한다면 반대색 정도 될 것이다. 그러나 남성의 모순 개념은 여성이다. 남성과 여성은 인간이라는 집합을 구성하는 보집합이기 때문이다. 따라서 남성과 여성은 반대이면서 논리적으로 공존할 수 없는 모순관계이다. 물론 남자와 여자가 공존할 수 없다는 뜻은 아니다. 예를 들어 철수가 남자이면서 동시에 여자가 될 수 없다는 뜻에서 개념의 공존 불가능성을 말하는 것이다. 이렇게 모순과 반대의 간단한 차이에도 불구하고, 우리의 일상사를 들여다보면 이 차이를 혼동하는 데서 비롯되는 오류가 많다. 심지어 어떤 경우에는 의도적으로 왜곡하기까지도 한다.

이 차이를 혼동한 데서 온 역사적 오류의 예를 한번 들어보자. 구소비에트의 붕괴와 독일통일을 거치면서, 국제사회에서 냉전시대는 끝났다고 말한다. 과거 냉전의 핵심 역시 모순과 반대를 의도적으로 왜곡한 데서 비롯되었다. 민주주의와 공산주의는 굳이 말하면 반대관계는 됐을지언정, 논리적으로 모순관계는 아니다. 그러나 지난 냉전의 현실은 민주국가와 공산국가가 서로 공존할 수 없는 모순관계에 있다고 강요해 왔다. 서로 공존할 수 없다고 보았기 때문에, 혹은 공존하면 그들 각자의 정체성의 권력이 깨진다고 생각했기 때문에, 그들 사이에 대리전쟁이 일어나고 상대방의 간첩이 잡혀 사형당하는 등의 역사적 오류가 일어났다. 민주 개념과 공산 개념이 그렇게 공존할 수 없는 모순관계였다면, 오늘날 서유럽에서 기독교민주당과 같은 보수당과 사회당이 공존하는 경우를 어떻게 보아야 할지 다시 생각해야 한다.

20년 전부터 종교계, 정확하게 말해서 기독교계에서는 진화론과 창조론을 가지고서 어느 것이 옳으냐 하는 심한 논쟁이 있어왔다. 이와 관련하여 비유적인 예 하나를 들어보자. 두 사람이 어떤 배우가 입었던 옷의 색깔을 놓고 갑론을박하고 있었다. 한 사람은 그 배우의 옷이 흰색이라고 주장하고, 또 한 사람은 검은색이라고 주장했다. 그러나 알고 봤더니 그 배우는 흰 저고리에 검은 바지를 입었었다. 결국 시빗거리도 안 되는 문제를 가지고 괜히 싸움을 한 셈이다. 그 배우가 검은 바지와 흰 바지를 동시에 입고 있다는 것은 서로 공존할 수 없는 모순된 사실이지만, 흰 저고리와 검은 바지는 아무 모순 없이 공존할 수 있다는 것은 너무 당연한 이야기다.

그렇듯 진화론과 창조론은 서로 다른 범주에서 하는 주장임에도 불구하고 그것을 논쟁하는 이유는 모순과 반대의 차이를 제대로 이해하지 못했기 때문이다. 이것을 이해한다면 어떤 생물학자는 과학자로서 진화론을 수용하면서 동시에 독실한 기독교신자로서 창조론을 수용할 수 있다. 과학으로서의 진화론과 종교로서의 창조론은 흰색의 저고리와 검은색 바지를 입는 것과 마찬가지로 아무런 갈등을 일으킬 필요가 없다는 뜻이다. 결국 진화론과 창조론은 서로 공존할 수 없는 모순관계가 아니라, 다른 범주에서 주장되는, 그래서 서로 공존 가능한 다양한 주장 가운데 하나의 단편일 뿐이다.

창조론과 진화론의 논쟁을 언급할 때면 나는 매우 조심스러워진다. 종교갈등을 부추기는 것처럼 여겨질 수 있기 때문이다. 그러나 자연과학의 입장에서 볼 때 진화론은 너무 당연한 사실이어서 진화론 여부를 둘러싼 논쟁 자체가 쓸데없는 일이기도 하다. 한편 기독교의 입장에서 볼 때 창조론은 시간의 기원과 세계존재의 당위성 등을 통해서 역시 너무 당연한 교리라고 생각한다. 문제는 이 주장들을 동일하고 유일한 도마 위에 올려놓고 말할 경우 얼마나 심각한 싸움이 번질 수 있는가 하는 점이다.

우리 사회가 획일화된 하나의 문화범주만을 인정한다면, 결국 동종교배의 문화적 유전병을 발생시키고 나아가 그 문화를 소유한 집단의 소멸을 자초하게 될 것이다. 또한 자기가 차지하고 있는 범주만을 유일한 잣대로 삼는 마음의 획일성은 독선과 위선을 낳으며, 결국 서로 죽고 죽이는 싸움만 불러일으킬 뿐이다. 문화의 다양성은 마음의 다양성으로부터 시작될 것이며, 마음의 다양성은 남을 인정하고 내가 갖고 있는 잣대의 범주만이 아니라 다른 범주도 있다는 것을 인정하는 데서부터 시작된다.

다양성의 발현이라는 점에서 과학과 문화를 하나의 범주에서 논의할 수 있다. 그러기 위해서는 과학에 대하여 아무 반성 없이 부여했던 통속적인 판단들, 즉 가치중립성이라든가 객관성, 탈역사성 같은 판단들이 과연 옳은 것인지 먼저 비판적으로 검토해 보아야 한다. 과학이라는 용어는 대체로 객관적이고 검증적이며 보편성을 띤다는 뉘앙스를 풍기며 이해되어 왔기 때문에, 가치의존적이고 주관적 요인이 강할 뿐더러 역사주의적인 문화 개념과 완전히 다른 장르로 여겨져 왔다. 특히 과학의 모태라 할 수 있는 이성은 경험계와 삶의 구체성에서 분리된 추상적 이데아의 세계를 기술하는 사유도구로 생각되었기 때문에, 이에 따라 과학은 초험성·추상성·초시간성으로만 간주되어 왔다.

과학에 대한 이러한 선입관은 과학이 잉태되고 창출된 역사적 배경을 무시한 데 그 원인이 있다고 볼 수 있다. 과학의 역사적 배경에는 과학자 한 인간의 주관적 고뇌와 당시의 종교적 우주관을 비롯하여 사회적 여건들 그리고 심리적 풍토가 깔려 있고, 또한 그러한 배경이 과학의 내용을 지배하기도 한다. 이런 의미에서 과학도 역사주의 관점에서 다루어야 한다.

이렇게 과학은 가치중립적이고 탈역사적이라는 통속적인 태도를 벗어나야만 비로소 과학과 문화의 연관성을 찾아볼 수 있다. 과학도 역사에 의존할 수 있다는 사회적 접근방식이 부각되면서 과학과 문화의 내적인 연계성이 자주 논의되고 있다.

과학은 발견의 과정과 정당화의 과정으로 나눌 수 있기 때문에, 탐구와 발견의 과정으로서 과학은 경험의 학문이 되지만 정당화의 과정으로서 과학은 보편의 학문이 되어야 한다는 것이다. 이러한 서구과학의 경험성과 보편성이라는 두 개의 뿌리는 2500년 전 아리스토텔레스와 플라톤에게서 찾을 수 있다. 그런데 요즘의 과학에 대한 인상은 기성 과학의 정당화에만 치중되어 있는 듯 보인다. 즉 귀납론이니 연역추론이니 아니면 과학법칙의 구조 혹은 가설과 법칙의 관계 등을 논하는 과학방법론의 차원에서 과학을 도배하고 있다 하겠다. 이런 과학방법론의 차원에서는 당연히 과학이 역사와 분리될 수밖에 없다.

더욱이 현대에 들어와서 과학은 갈수록 전문화되어 갔고, 결과적으로 이것은 과학을 전문가집단만이 할 수 있고, 또 주어진 문제만 풀려는 *문제풀이*(problem solving)의 장르로 간주하게 되는 중요한 원인이 되었다. 따라서 과학은 현실과 유리된 채 일반인이 접근할 수 없는 특수언어 체계로 생각될 수밖에 없었다. 과학에 대한 몇 가지 오해들 혹은 과학이 지니고 있는 또 하나의 신화들, 우리는 이러한 오해와 새로운 신화를 접하면서 우리 자신도 모르게 과학에 압도된 분열된 인간상을 서서히 구축하는 새로운 의미의 불행한 역사를 조장해 가고 있다.

그 불행한 역사는 야누스의 두 가지 모순된 얼굴을 보이고 있다. 과학과 역사를 분리시키는 오도된 태도를 지니면서도 동시에 과학이 우리 문명생활에 미치는 막대한 영향력을 어느 누구도 무시할 수 없다는 점이 그것이다. 서구의 산업혁명 이후 과학이 문화에 미치는 영향은 긍정적이든 부정적이든 관계없이 한마디로 절대적이라고 말할 수 있다. 그럼에도 불구하고 역사와의 단절을 말하는 것은 가장 모순된 이데올로기의 농간이 아닐 수 없다.

왜 그런가? 그 이유를 설명하기 위해서는 과학의 탄생근거를 말해야 한다. 과학은 이성의 결집체이다. 그리고 이성은 자연에 대한 타자 개념으로 출발한다. 이성을 통해서 자연은 기하학적 모델로 바뀐다. 이성을 통해서 자연은 분해되며 인간의 의도대로 재조립된다. 이성을 통해서 자연은 인공으로 바뀐다. 이성은 원래 자연을 모방하고 자연을 추적하는 도구였지만 자연을 재조립하기 시작하면서, 원래의 자연보다 더 큰 힘을 발휘하는 막강한 인식의 칼이 되어버렸다. 그래서 이성 앞에서 자연은 화석화된 자원창고로 전락할 뿐이다. 결국 이성을 통해서 자연은 인간이 정복해야 할 대상물의 집합일 뿐이다.

이리하여 이성을 가진 인간 앞에서 자연은 왜소해지고 인간이성의 오만방자함은 극치에 이르렀다. 그런데 이렇게 자연을 지배해 버린 이성의 과정이 바로 문화를 정의하는 열쇠이기도 하다. 왜냐하면 문화의 개념은 자연착취의 효율성을 높이기 위해서 있는 그대로의 자연이 아니라 경작된 자연을 그 속에 내포하기 때문이다. 그리스어에서 문화의 어원은 자연상태의 산림을 베어서 인공적인 경작지대를 조성한다는 뜻을 담고 있다. 따라서 인류사적인 논의에서 이성의 결집물인 과학이야말로 문화의 가장 전형적인 양상이라고 말할 수 있다.

동시에 문화는 역사의존적이다. 이 명제에 대해서는 어느 누구도 반박하지 않는다. 그런데 문화의 가장 중요한 양상인 과학이 역사의존적이라는 것을 부정하는 이유는 무엇인가? 그 이유는 과학 안이 아니라 과학 밖에서 찾아야 한다. 사실 과학의 안과 밖을 구분해서는 안 되는데, 과학에 대한 기존 인식 때문에 어쩔 수 없이 구분한다. 이제 과학과 문화의 밀접한 연계성 어떻게 나타나는가를 알아보자.

뉴턴 이전의 과학은 신학이라는 테두리, 즉 기독교문화와 결코 분리될 수 없었다. 뉴턴 역학은 근대철학에 결정적인 영향력을 행사하였다. 과학혁명이 산업혁명으로 이어지면서 과학의 산업화는 당연한 귀결이었다. 증기선으로 상징되는 산업혁명이 있었기 때문에 먼바다로 빨리 나아갈 수 있었으며, 그에 따라 제국주의의 주도권은 남유럽에서 영국을 중심으로 한 북유럽으로 넘어갔다. 결국은 과학정신의 순수한 의도가 무엇인가에 관계없이, 과학은 서구 제국주의의 전략 수립에 결정적인 구실을 한 셈이다.

제국주의가 한창이었던 19세기 들어와서, 대포 총신의 길이와 무기를 제조하는 과학기술의 차이는 곧 지배와 굴욕의 관계로 변모하였다. 20세기의 두 차례 세계대전은 과학기술의 결전장이었다고 해도 과언이 아니다. 유체역학을 성공으로 이끈 베르누이의 정리(Bernoulli's theorem)는 비행기 산업으로 이어졌고, 이는 곧 군사적 제공권 장악과도 연결되었다. 원자폭탄 개발의 책임자였던 이론물리학자 오펜하이머(J. R. Oppenheimer는 뒤늦게 갈등하다가 마침내 개발에 반대했지만 결국 원자폭탄이라는 과학기술이 대량살상무기로 변하는 데 일조를 하였다. 그러나 과학과 산업 그리고 제국주의 전략

사이의 이와 같은 연계성도
사실 현대과학이 보여주는
문화적 충격에 비하면 그리
대단한 것이 못 된다.

20세기 중반 들어와서 급
진전한 현대과학이 도대체
어떤 모습이기에 문화적 충
격이라고 말하는가? 현대과
학의 특징은 현대과학이 근
대과학과 다른 점을 부각시
킴으로써 집어낼 수 있다.
현대과학이 문화나 현대문
명에 미칠 수 있는 영향력

오펜하이머(1904~67)

의 범위는 매우 다양하다. 먼저 산업분야를 보면, 유전자공학 분야를
비롯하여 컴퓨터와 통신의 발달에 의한 정보산업을 들 수 있다. 또한
이론분야에서는 불확실성의 개념을 낳게 한 양자역학의 탄생과 최근
들어 유행하는 카오스 이론 등에서부터 양자색역학이나 천체물리학
과 연관된 우주 물질이론을 들 수 있다. 이론분야를 제외하더라도 특
히 산업분야에서의 정보화사회와 관련된 담론은 최근 들어 가장 많
이 논의되는 분야로 손꼽을 수 있다.

정보사회에 대한 최근의 담론들은 과학의 급격한 변화를 인정해
야 한다는 적극적인 문화수용론과 인간소외론의 구조에서 정보사회
를 비판적으로 보아야 한다는 관점으로 나누어진다. 정보사회에 대
한 적극적인 문화수용론은 어쩔 수 없이 이 사회가 그렇게 갈 수밖에

없다는 자조적인 수용의 태도가 강하다고 할 수 있겠다. 이미 대세는 기울었다는 판단이다. 문제는 이러한 판단이 자칫 새로운 정보제국주의를 허용하는 또 하나의 문화획일주의를 낳지 않을까 하는 우려이다.

반면에 비판적 태도의 경우에는, 정보에 매몰된 인간의 모습보다는 자유로운 인간성의 회복을 지향하는 자세라고 말할 수 있다. 비판적 담론은 과거 전제주의나 자본주의 사회의 소외된 인간의 모습에서부터 산업혁명 이후 기계에 소외된 인간과 정보사회 속의 얼굴 없는 인간에 이르기까지 이를 치료하려는 구원의 철학이라는 맥락에 놓여 있으며, 또 한편으로는 이러한 인간이 몸담고 있는 현대사회의 구조적 모순의 해결을 꾀하는 역사적 맥락에 놓여 있기도 하다.

문화수용론이나 소외담론 모두, 종착점을 모르고 무작정 앞으로만 나아가는 정보산업이나 인공지능 연구와 연관된 유전공학의 발전속도는 필시 미래사회에서 대단한 영향력을 행사할 것이라는 데 대체로 공감하는 듯하다. 문제는 인간이 만들어가는 이같은 과학의 발전을 과연 인간이 통제할 수 있는가이다. 여기서는 과학윤리 혹은 과학자 윤리의 문제가 거론될 수 있다.

하지만 최근 논의되고 있는 과학윤리 담론은 실제로 과거 규범윤리학의 논의방식과 근원적으로 차이가 난다. 규범윤리학의 담론은 기본적으로 한 인간의 당위적 판단의 문제를 다루지만, 요즘 논의하는 과학윤리의 주제는 주로 이성비판의 차원에서 다루어지고 있다. 이러한 과학윤리의 논의방식은 프랑크푸르트 학파의 비판이론 전개방식과 유사한 모습을 띠고 있다.

프랑크푸르트 학파와 달리 요즘 유행처럼 번졌던 포스트모더니즘의 담론은 과학과 문화의 변증법적 연결고리를 적극적으로 모색하고 있다. 과학에서의 포스트모더니즘 경향은 원래 파이어아벤트(Paul Feyerabend)의 '무엇이라도 좋다'(anything goes)는 논제에서 시작된다. 이는 사실 논제이기보다는 무논제의 논제를 말한다. 즉 과학방법론 자체를 부정하는 무정부주의적 과학철학을 표방하고 나선 것이다.

파이어아벤트(1924~94)

　이러한 무정부주의 양상은 일체의 사회적 구조이론을 부정하는 태도이다. 과학철학에 있어서 파이어아벤트의 방법론 부정의 태도는 콩트(Comte)의 실증주의와 뉴턴 역학의 세계관에 뿌리를 둔 전통적인 구조적 과학주의에 정면으로 도전하는 것이다. 게다가 이 반(反)방법론의 강한 입장은 신화와 과학 사이의 우위평가를 무산시킨다. 즉 현대과학이 과거의 신화보다 더 좋다고 할 만한 이유가 전혀 없다는 뜻이다.

　이 맥락과 관련하여 요즘의 포스트모더니즘 담론 가운데 신화를 과학 속에 용해시키는 작업을 어느 정도 이해할 수 있다고 본다. 이러한 작업은 고전적 과학주의가 팽배한 현대 문명사회에 대한 치료효과를 노리고 있다. 극단적인 포스트모더니즘을 주장하는 이들은 의도적인 치료작업조차 거부한다. 그러나 포스트모더니즘의 초기 이론가들 대부분이 마르크스주의자였던 사실을 감안하면, 문명치료의 의미를 충분히 이해할 수 있다. 왜냐하면 그들은 인간소외를 조장한 서구 이성에 대한 비판에서부터 출발했기 때문이다.

특히 양자역학이 등장한 이후 전통의 기계론적이고 결정론적인 고전과학에 대한 거부반응이 과학 안에서는 물론이거니와 과학 밖과 사회적 연결고리를 갖고 강하게 일고 있다. 예를 들면 생태적 과학주의의 등장이다. 물리학 장르와 생물학 장르가 결합된 형태, 즉 죽어 있는 사물(사태)과 살아 있는 사물(사태)이 변증법적으로 통합하는 새로운 과학적 맥락이다. 이러한 생태주의 과학은 반환경적 고전과학주의에 대한 전면적인 비판에서 출발한다.

문화적인 측면에서 생태주의 과학의 등장은 서구의 전통적인 실체관을 부정한다. 그 대신 '관계'의 세계관을 제시하고 있다. *실체론*에서 *관계론*으로의 이행은 실제로 문화적으로 엄청난 변화를 예고하고 있다. 실체론적 세계관이 갖고 있는 *딱딱한*(hard) 선형적 힘의 이동, *색깔 없는*(colorless) 주체와 객체의 분리, *차가운*(cold) 세계의 결정구조를 대신하는 관계론적 세계관은 비선형적 정보전달의 가능성, 주체와 객체의 통합, 세계의 유기체 구조를 강하게 암시한다.

이러한 관계론적 세계관은 현대 문명사회에 대한 대안과 새로운 제안이 될 수 있지만, 불행하게도 현실사회에 그대로 적용되고 있지는 않다. 현실의 문화는 악화(惡貨)가 양화(良貨)를 제거하는 성향이 강해서 긍정적 대안이 쉽게 수용되지 않는다. 가령 포스트모더니즘의 출발점이 된 논의는 합리주의와 실체론의 철학에서 드러난 개체주의(individualism)가 보여준 병리적 부작용에 대한 비판이었다. 그러나 최근의 포스트모더니즘은 외형적으로 자본의 논리에 예속되는 현상이 두드러지면서 상업주의의 한 전략인 개인주의의 희생양이 되어가는 자기모순에 빠져가고 있다. 더구나 이런 현상은 이미 사회적으로 우려할 만한 지경에 이른 것 같다. 그 한 가지 예로서, 정보산업은 문화적 접근의 폭을 넓혀주고 있기는 하지만, 앞서 이야기했듯이 또 다른 의미의 인간소외를 조장하고 있는 점을 들 수 있다. 영상산업을 포함한 정보산업은 컴퓨터와 통신의 발달을 등에 업고 첨예한 문화읽기의 한 장르로 자리잡고 있다는 것을 어느 누구도 부정할 수는 없다. 그러나 그 정보의 의미는 대부분 용도지식에 국한될 뿐 삶의 진정한 체험에 도달하기 어렵다. 또한 그 용도지식의 다양화마저도 자본의 의도된 다양성에 의해 조정될 수 있다. 결국 반성 없는 과학신봉주의는 문화적 획일주의로 치닫게 될 것이 분명하다.

과학에서 진보란 무엇이며, 과학은 마냥 진보만 하는 것인가

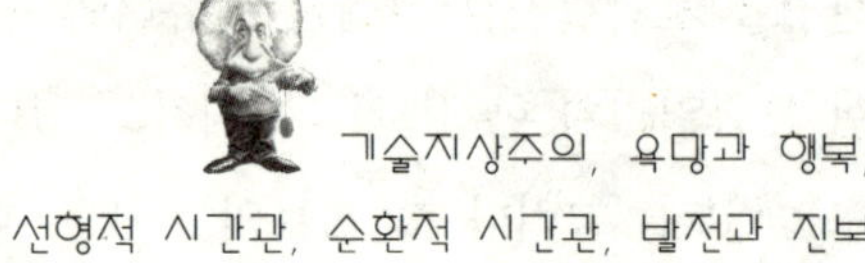

과학은 인류에게 크나큰 물질적 풍요로움을 가져다주었다. 분명 인간생활은 편리해졌으며, 인간수명이 획기적으로 늘어난 것도 과학의 덕택이다. 땅덩어리 저쪽 끝으로 가면 낭떠러지가 나올 것이라는 옛사람들의 믿음은 땅의 끝이 곧 우주의 끝이라는 아주 좁은 물리적 우주관일 뿐이었다. 이제 겨우 우주가 인간의 상상을 초월할 만큼 크다는 것을 조금 알게 되었다. 비행기로 열 시간이면 지구 저쪽 대륙에 갈 수 있게 되었고, 콩나물 사러 갈 때도 자동차로 갔다 올 정도로 편한 세상이 되었다. 컴퓨터의 혁명은 이루 다 말할 필요가 없겠고, 유전자공학이 발달하여 인간에 의해 복제된 생명체가 자연의 생명계를 대신할 정도가 되었다.

그런데 문제가 생기기 시작했다. 물질적 풍요로움은 극단적인 빈부의 격차를 낳아, 지금도 10억의 지구인구가 기아상태에 놓여 있다. 인간의 수명이 분명히 길어지기는 했지만 과거에 없었던 새로운 질병이 자꾸만 늘어가고 있다. 지구 땅덩어리에 인구가 60억을 넘어서 공급과 소비의 구조가 깨어져 가고만 있다. 서구과학 이면에 숨겨져 있는 권력의 논리는 마침내 이라크 공격을 강행하기에 이르러, 불행의 역사는 악순환에 빠지고 만다. 전지구적으로 심각한 환경위기는 단적으로 말해서 지나온 과학기술의 부작용이라는 점을 어느 누구도 부정할 수 없게 되었다.

컴퓨터를 예로 들자면, 앞으로 가상현실 속에서 자아상실의 문제가 심각해질 것이며, 인터넷상에서 개인 신상정보의 유출과 관련한 안전성 붕괴 문제는 아마도 엄청난 사회적 파장을 불러일으키게 될 것이다. 더구나 유전자공학의 발달이 과연 인류의 진정한 진보가 될 수 있는가 하는 문제는 이미 수없이 논의되어 왔지만 여전히 큰 불씨를 안고 있다.

과학의 발전이 추구하는 바는 인간의 행복이라고 말한다. 그렇다면 과연 행복이 무엇인가를 잘 따져보아야 한다. 행복이 물질적인 것으로 충족될 수 있는가 하는 문제다. 사실 이런 이야기는 동서고금을 통해 되풀이되고 또 되풀이되어 왔다. 그런데도 우리는 물질의 환상에 빠져서 헤어나오지 못하고 있다. 과학기술이 물질적 충족을 실현시켜 주었지만, 그에 대한 책임 역시 과학기술이 질 수 있는지 의구심이 든다.

기술지상주의가 인간의 욕망을 충족시킬 수 있다는 것 역시 잘못된 환상이다. 인간의 욕망은 채우면 채울수록 더 커지는 그런 구조를 지니고 있다. 그래서 욕망을 채우려고만 들지 말고 욕망의 그릇을 작게 만드는 것이 더 중요하며, 이는 추상적인 요청이 아니라 아주 구체적인 인류의 강령이 되어야 한다. 이미 스칸디나비아 국가에서는 이와 같은 강령을 국가정책으로 채택하고 있다. 요컨대 끝없는 소비 욕구를 채우기 위해 원래 제한되어 있는 공급구조를 영원히 늘릴 수 있다는 환상에서 벗어나야 한다. 그리고 소비와 욕망을 줄일 수 있는 마음의 변화가 이루어질 때 비로소 인류문명의 시급한 위기는 극복될 수 있는 것이다.

흔히 사람들은 사회과학 분야의 진보나 발전 논쟁에 대해서는 꼬투리를 물고 늘어지면서도 자연과학이나 산업기술 분야의 진보와 발전 논리는 너무 쉽게 받아들이곤 한다. 그 큰 이유는 "정신과학(인문·사회과학을 합쳐서 일컬음)의 연구행위가 주관적일 수 있다"는 것을 인정하면서도, 과학은 말 그대로 과학적이라는 식의 과학의 객관성 신화에 푹 빠져 있기 때문이다.

사실 과학에서 진보의 의미를 타진하려면 먼저 과학이 정말 객관적인가를 의심해 보아야 한다. 정확하게 말해서 과학탐구 행위는 인간적 가치에 중립적이고 자연과학의 성과는 인류에게 보편적인 결과를 가져다준다는 통상적인 평가에 대하여 비판적으로 문제제기를 해야 한다는 것이다. 이야기를 쉽게 풀어가기 위하여 몇 가지 과학탐구 사례를 가지고 논의를 전개하기로 한다.

[사례 1] 우선 19세기 사회현상과 생명과학의 역사적 성과인 진화론의 관계를 다시 말해 보자. 앞서 말한 두 진영, 자유주의 진영과 사회주의 진영 모두 나름대로의 철학적 이데올로기와 역사적 책무를 표명했지만, 두 진영 모두 사회적 실증성과 과학적 검증성 면에서 취약하였다. 특히 이들 두 진영 모두가 바라는 것은 자연과학에 기대어 과학적 근거를 찾는 일이었다. 자연과학의 근거만 확보한다면 자기

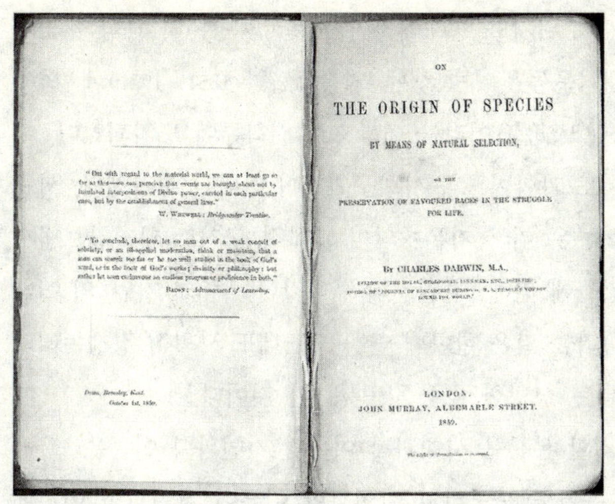

다원의 『종의 기원』

체계의 우위를 확실히 보장받는다고 생각했기 때문이다. 그때 마침 다원의 『종의 기원』이 발간되었다.

『종의 기원』으로부터 과학이론의 위상을 정립한 진화론은 기본적으로 선택(natural selection)과 변이(mutation)라는 두 가지 가설적 기둥 이론을 중심으로 축조되었다. 그러자 자유주의 진영과 사회주의 진영은 얼씨구나 좋다고 쾌재를 불러댔다. 그들이 목매어 기다리던 자연과학의 근거로서 진화론이 최적이론이라고 생각했기 때문이다. 그리고 아전인수의 바람이 불었다.

자유주의 진영은 선택이론을 취하여 자신들의 약육강식론을 합리화하고 자유경쟁의 근거로서 진화론을 휘둘러댔다. 사회주의 진영은 변이의 이론을 취하여 공진화(共進化) 개념을 취함으로써 삶의 공존의 근거를 지지하였다.

그리고 그후 20세기 초에 중국은 청일전쟁 패배 이후 심각한 후유

증을 극복하려는 분위기가 팽배해지면서 부국강병론의 과학적 근거로서 청말의 개혁운동을 주창했던 엄복(嚴復, 1854~1921)에 의해 1896년에 천연론(天演論)이라는 이름으로 진화론이 도입되었다. 이리하여 동양에서도 과학이론과 사회구원책이 만나기 시작했다. 서구사회에서도 진화론은 미국 자본주의의 과학적 근거로 자리잡으면서 자유주의 이론가들에 의해 더 발전되어 나갔다. 『종의 기원』의 어디에도 약육강식이라는 말은 한마디 안 나오는데도 사회적 경쟁논리의 근거로서 진화론은 상당한 호응을 받게 된 것이다.

여기서 이야기할 본론은 사회과학 이론과 자연과학 이론은 그 대상의 본질이 다름에도 불구하고 사회과학 이론이 자연과학 이론에 의존하려는 경향에 관한 것이다. 다시 말해서 과학의 진보 개념이 인위적인 사회진보 개념에 종속되는 현상이 나타났다는 점이다.

[사례 2] 과학탐구 행위에서도 마찬가지 현상이 드러난다. 예를 들어 40~50년대 소립자 물리학 연구의 성패는 입자가속기의 지름이 얼마나 큰가에 달려 있었다. 지름이 큰 가속기에서 속도가 더 높은 충돌입자가 나올 수 있으며, 속도가 더 큰 충돌입자에서 비로소 새로운 입자가 붕괴되어 생성될 수 있다. 따라서 연구자들은 지름이 큰 입자가속기를 사용해 새로운 입자를 발견하기만 하면 노벨 물리학상이 보장된다고 생각했다.

이러다 보니 자연히 연구자그룹들은 더 큰 가속기를 설치하는 데 드는 연구비를 지원받기 위해 정부나 대기업을 상대로 로비를 하고, 그 결과에 따라 노벨 물리학상까지 왔다갔다하는 지경에 이르렀다. 현대에 들어와서 특히 자본주의 구조가 심화되면서 과학의 가치중립

성이라는 구호가 얼마나 허구인지 여실히 드러나는 대목이라 아니할
수 없다.

　[사례 3] 2차대전이 막바지에 접어들던 1943년 오펜하이머는 미국
로스앨러머스 연구소의 소장으로 취임하였다. 하지만 정작 그 자신
은 훗날 엄청난 역사의 전환점으로 작용하는 원자폭탄 개발의 주역
이 되리라고는 전혀 생각지 못했다. 그러나 원자폭탄은 투하되었고,
오펜하이머는 과연 과학의 진보가 인간의 진보인지 되물으면서 그
답을 찾지 못한 채 인간적 고뇌에 빠지고 말았다.
　미 국방부에 의해 결정된 원폭 투하를 그 며칠 전까지도 해당 연
구소의 소장이 정말 눈치채지 못했을까 하는 의심을 지울 수는 없지
만, 어쨌든 오펜하이머 자신은 이른바 순수과학의 순수성 혹은 가치
중립성을 더 이상 신뢰하기 어렵게 되었다고 한다. 여기서 분명한 사
실은 과학자의 순수한 연구성과와 그 성과가 사회적으로 어떻게 사
용되는가 하는 문제는 서로 별개라고 주장하는 실험실 속의 학자들
의 진단은 참으로 무책임한 언명일 따름이라는 점이다.

　[사례 4] 1996년 영국에서 복제된 돌리 양은 세계를 크게 놀라게
하였다. 체세포 복제는 요즘 말하는 유전공학의 꽃이기 때문이다. 물
론 그전에도 육종학을 통하여 유전공학이 이루어지기는 했지만, 최
근의 유전공학은 줄기세포(stem cell)를 연구자의 의도대로 배양하
여 성체나 성체기관을 복제하는 것이 주요 연구목표이다. 그런데 이
줄기세포 복제는 기술적으로 몇 가지 심각한 문제를 안고 있다. 하지
만 유전공학의 장밋빛 미래만 얘기되고 있을 뿐 그 심각성에 대해서

는 거의 언급이 없다. 돌리 양의 탄생 때 그렇게 떠들어대던 언론은 2003년 초에 과잉비만증과 이상 노쇠현상으로 돌리 양이 죽었을 때 단신 기사로 보도했을 뿐이다.

줄기세포에는 생식과정에서 생기는 최초의 배아 줄기세포도 있지만 이미 성장한 성체세포 안에도 성체 줄기세포가 있다. 그런데 성체 줄기세포는 기술적으로 세포분화의 어려움이 많기 때문에 대부분의 연구자들은 배아 줄기세포를 이용하여 복제연구를 하려고 한다. 하지만 이 배아 줄기세포를 이용한 연구는 쉽게 해결할 수 없는 윤리적 문제를 안고 있다. 배아 줄기세포를 이용하려면 이미 수정된 세포와 어느 정도 성장한 배아세포를 파괴해야 하는데, 당연히 이는 생명의 파괴를 전제하기 때문이다.

앞에서 이와 관련한 생명윤리의 관점을 이야기했듯이, 인간복지를 위한 의료 차원에서의 복제기술이라 할지라도 이는 곧 어마어마한 윤리적 파탄을 예고하는 생식을 목적으로 한 복제기술과 아무 차이가 없으며, 따라서 의료 복제기술은 생식 복제기술로 이어지는 경사길을 브레이크 없이 내달리는 것과 다름없다. 그럼에도 불구하고 (벤처) 기업화한 생명과학자 집단은 과학탐구의 중립성이라는 미명 아래 복제연구를 계속 추진해 나가고 있다.

그렇다면 과학 혹은 과학의 성과물들이 진보한다는 것인가, 아니면 퇴행한다는 것인가를 새로운 각도에서 따져보아야 한다. 과학은 발전하지만 인류는 반드시 그렇지 않을 수도 있다는 어느 정도 비판적인 언급을 문명비판사가들에게서 흔히 들을 수 있지만, 사실 곰곰이 따지고 보면 이처럼 무책임한 말 또한 없을 것이다. 과학이 무엇 때문에 존재하고 누구를 위해서 연구되는가 하는 문제제기를 하는 순간 이같은 답변은 무의미해지기 때문이다.

이미 말했듯이 진보는 인간을 기준으로 한 가치판단이므로 인간에게 궁극적으로 도움이 되는가를 따져보아야 한다. 여기서 말하는 인간은 물론 인류사적인 차원에서 보편적 인간을 의미한다. 그래서 과학의 진보는 인류학적인 문명의 진보와 맞닿아 있어야 한다.

과학철학자인 파이어아벤트는 자신의 저서 『방법에의 도전』(*Against Method*)에서 과학과 신화 중 어느 쪽이 더 좋고 낫다는 판단을 쉽게 해서는 안 된다고 말한다. 그는 인류의 진보를 말하고 있지만, 물리적 시간의 단선적인 흐름에 지배받는 선형적인 진보관을 거부한다. 발전과 진보라는 개념이 시간이 앞으로 흐르면 좋은 세상이 올 것이라는 유토피아적인 시간관의 사생아라는 사실을 그는 강조한다.

이러한 선형적인 시간관은 어김없이 '사실'의 미래와 '가치'의 미래를 등치시킨다. 미래에는 반드시 좋은 것이 올 것이라는 말과 같다. 그리고 가장 좋은 것에 이르게 되면, 최소한 원리적으로 혹은 이념적으로나 종교적으로 이 세상은 끝에 도달한다.

이와 같이 서구적 의미의 진보 개념 역시 최종의 종착지를 지향한다. 종착지의 존재는 목적이 있음을 전제한다. 서구 기독교와 마르크스주의의 차이는 유일한 목적을 갖느냐 아니면 다양한 목적을 인정하느냐 하는 차이일 뿐 목적지향성에서는 같다. 둘 다 진보의 시간관을 가진다는 뜻이다. 철학적으로는 유토피아의 역사관과 공통분모를 지닌다. 과학의 세계관 역시 진보적 시간관의 전형이다. 과학적 시간관의 끝은 모든 자연법칙을 통합하는 대통일법칙을 찾는 일이다. 아마도 그 최종의 자연법칙은 아인슈타인이 자연의 네 가지 힘(약력, 강력, 전자기력, 중력)을 하나의 법칙으로 설명하려고 추구했던 대통일법칙보다 상위의 법칙일 것이다.

과학의 최종 자연법칙이야말로 과학의 유토피아이며 선형적 시간관의 전형을 보여준다. 과학발전 혹은 과학진보의 선형적 시간관은 필연적으로 현재의 사회적 모순들과 윤리적 갈등들을 무시하고 연구자 자신들이 좋다고 가치판단을 하는 최종의 목적론적 목표를 향하여 달려갈 뿐이다. 사실 따지고 보면 그 책임을 자연과학 연구자 개인에게만 물을 수 있는 것은 아니다. 오히려 이는 개별 인간이 품고 있는 무한한 욕망에 대한 절제할 수 없는 본능적 동력(動力)일 수도 있다. 그렇다고 해서 좋은 것을 찾아가려는 인간의 욕망 그 자체에 책임을 묻자니 자칫 공허한 말장난에 그칠 수 있다.

그렇기 때문에 결국은 좋은 것을 찾아가려는 욕망을 탓할 것이 아니라 좋은 것이 어디에 있는가를 다시 돌아보는 문명적 계기를 자꾸 만들어가야 한다. 다시 말해 좋은 것이 과연 미래에만 존재하는가 하는 심각한 반성을 해야 한다는 것이다. 앞에서 말했듯이 좋은 것은 항상 미래에만 존재한다는 믿음은 선형적 시간관이다. 이제 우리는 미래 시간에 좋은 것이 올 것이라는 선형적 시간관을 한번쯤은 의심해 보아야 한다. 그러면 진보의 개념을 새로운 각도에서 바라볼 수도 있을 것이다.

진보의 의미와 방향

지금까지 이야기한 것을 정리하면 다음과 같다. 먼저, 진보는 무엇을 위해 진보해야 하는가 하는 질문 그 자체가 바로 해답을 반 이상 찾은 셈이라는 것이다. 둘째, 진보의 방향이 과연 어디로 향할 것인가 하는 질문이 더 중요하다는 것이다.

진보에 대해 던지는 이 두 가지 질문은 도덕적 맥락이나 사회적 맥락에서의 진보 개념보다 과학적 맥락에서의 진보를 말할 경우 더욱 선명하고 세심하게 다루어져야 한다. 왜냐하면 일선 자연과학의 최근 연구성과들은 인류사 전체를 뒤흔들어놓을 정도로 엄청난 변화를 재촉하고 있기 때문이다. 뿐만 아니라 그 연구성과들이 상상을 초월할 만큼 급속도로 발전하고 있기 때문이다. 그리고 이런 과학이 사회·정치·문화·종교 등 다른 어떤 분야보다 우리의 삶의 양태를 혁명적으로 변화시키는 가장 큰 변수임이 분명하기 때문이다.

사실 우리는 정치적·사회적 혁명이 아니라 과학기술에 의한 삶의 혁명을 이미 맞이하고 있다. 우리 역사에서 그 어떤 이데올로기도 현대과학이 보여준 막강한 혁명적 변화를 가져다주지 못했다. 문제는 그것이 삶의 혁명에 그치는 것이 아니라 삶의 돌연변이를 곁에 붙이고 다닌다는 사실을 못 보고, 우리가 점점 판단문맹에 빠져들어가고 있다는 점이다.

판단문맹으로부터 벗어나는 길을 모색하는 것은 너무나 당연한 과제이다. 그러기 위해서 우리는 앞서 정리한 두 가지 물음을 진지하게 다시 던져보아야 한다. 무엇 때문에 진보를 말하며, 진보의 방향이 과연 선형적이어야만 하는가. 사실 앞의 질문은 새로운 것이 아니다. 당연히 과학의 진보는 과학을 위한 진보가 아니라 인간을 위한 진보이어야 한다. 이렇게 당연한 명제조차도 현실에서는 무시되고 있는 것이 문제이다.

누구를 위해서 과학이 진보해야 하는가 물으면, 아마 누구나 인류를 위해서라고 답할 터이다. 이는 다름아니라 인간의 행복을 의미한다. 그러나 어떤 이는 행복이 무엇인가를 먼저 따져보아야 한다고 말할 수 있다. 또 어떤 이가 인류의 보편적 행복은 필요 없고, 나 혹은 내가 속한 집단의 눈앞의 이익 실현이 행복이라고 끝까지 고집 피운다면 지금까지 이야기한 것은 모두 수포로 돌아갈 수밖에 없다.

그래서 우리는 두번째 질문을 좀더 심각하게 고민해 보아야 한다. 좋은 것은 반드시 미래에만 있을 것이라는 믿음과, 미래를 향한 시간의 흐름은 발전의 속도와 비례한다는 선형적 시간관에 대한 믿음을 다시 한번 되묻고 반성해 보자는 말이다. 하지만 이런 반성적 작업이 과거로 무조건 돌아가자는 복고주의나 회귀주의로 이해되어서는 안 된다.

선형이 아닌 비선형적(nonlinear) 시간관을 기존의 텍스트에서 이해하기 위해서는 먼저 비코(Vico)의 순환적 시간관이나 사마천의 상고적 시간관을 새롭게 인식할 필요가 있다. 그러나 이같은 역사인식을 교과서에나 나오는 진부한 것으로 생각하는 사람들이 많아서, 철학적인 시간관에 대한 근본적인 이해가 요구된다. 이를테면 불교 미륵사상의 윤회적 시간관이라든가 선진유가의 상고적 시간관을 조금이라도 이해하고자 하는 태도가 중요하다. 가령 선진유가에서는 좋은 시절이 미래가 아니라 과거 요순 시절에 존재했다고 말한다. 또 불교에서는 그 좋음이라는 것이 물리적 시간의 미래가 아니라 과거 혹은 현재에 이미 내 몸 안에 들어와 있음을 깨닫지 못하고 있음을 지적한다.

역사인식이나 철학적 사유에서는 어차피 사유를 통해서 시간을 바라보는 것이니 만큼, 비선형적 시간관을 역사나 철학에서 말하는

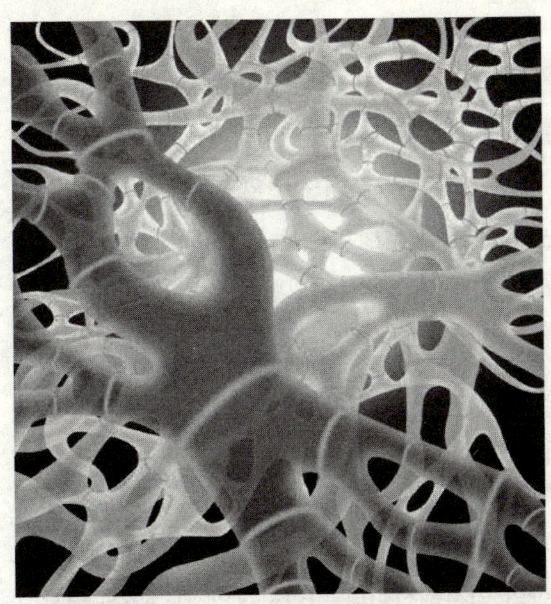

상식적으로 알고 있는 우주는 4차원 시공간이지만 이러한 상식모델로는 우주의 중력과 물질 내부의 소립자 운동을 설명할 수 없다. 1980년대 캘리포니아공대 슈바르츠와 그린은 '모든 것으로 통하는 우주이론'이라고 하는 초끈이론을 세워 그 한계를 해명하고자 했다. 1차원의 점은 고정된 위치만을 점하고 있으나 초끈이론에서 말하는 점은 끈 사이의 진동운동이다. 고에너지의 끈운동은 곧 물질(소립자)이며 저에너지 상태의 끈은 곧 힘을 의미한다. 그래서 물질과 힘은 동일한 에너지 근원을 갖는다. 이 이론은 아직 풀리지 않은 하나의 대전제를 갖고 있는데, 모든 물질은 그것에 상응하는 초대칭 물질을 갖는다고 한다. 만약 이 전제가 사실로 증명된다면 우리가 알고 있는 우주에 대한 인식이 전면적으로 바뀔 정도로 강력한 이론모델이다.

순환적 혹은 상고적 시간관과 쉽게 비유할 수 있을 뿐이고 또 과학에서는 비선형성의 사태를 찾아볼 수 없을 것이라는 반론이 나올 수 있다. 그러나 과학에서도 비선형성의 시간을 보여주는 자연현상들이 자주 논의되고 있다. 우선 진화론이 바로 비선형적 시간관의 전형이며, 유기체 세포의 단백질 효소작용의 메커니즘 자체가 작용과 시간의 관계에서 볼 때 비선형적이다.

과학잡지 『사이언티픽 아메리칸』(*Scientific American*)에서 향후 50

넌 내의 과학발전의 가능성을 타진하는 특집 시리즈를 실었는데, 여기서는 지금까지 물리학에서 비주류로 대접받아 온 끈이론(string theory)이나 초끈이론(superstring theory)의 비선형성이 매우 신중하게 논의되고 있다. 끈이론에서 우리 우주시간의 미래는 처음과 끝이 선형적으로 발전하는 그런 시간이 아니라 처음과 끝이 연결되고 기존의 인과율이 다시금 고찰되는 그런 비선형의 시간관을 보여주고 있다.

과학의 진보와 삶의 진보

그러나 나는 역사학의 역사해석이나 철학사상의 일부분을 취사선택하거나 혹은 미래학이나 신과학 이야기처럼 미래 과학이론의 꿈같은 가능성을 빌려와서 비선형적 시간관을 주장하려는 것은 아니다. 오히려 아주 구체적인 우리의 삶 자체가 비선형성의 시간 속에 놓여 있다는 점을 말하고 싶다.

나는 과거를 기억하며 어떤 일을 후회하기도 하고, 미래를 꿈꾸거나 앞으로 올 죽음을 두려워하기도 한다. 잠시나마 내 분에 넘치는 욕망을 몰래 키우기도 하고, 가상적 잡념이나 호접몽에 빠지기도 한다. 이 모든 것을 물리적 지속이나 선형적 시간으로는 해명하기 어렵다는 것을 누구나 인정한다. 이러한 단순하지만 아주 구체적인 삶의 양태가 비선형적이라는 데서부터 과학의 진보를 다시 반성할 수 있다. 그래서 과학의 진보를 말하되, 비선형적 진보를 해명하기 위하여 과학적 증거나 인문학적 수사학 혹은 역사학적 해석이론에 너무 의

존할 필요가 없다. 거꾸로 선형적 시간관이 옳다는 그 어떤 증거가 없는 것과 마찬가지라고 생각하면 된다.

또한 이런 반성을 바탕으로 한다면 첨단과학이 지배하는 현대 문명사회가 얼마나 이율배반적인지 쉽게 알 수 있다. 예를 들어 가장 이성적이라는 과학이 발전하면 할수록 가장 비이성적인 주술이 그만큼 더 성업하는 현실사회의 괴기한 모습을 쉽게 볼 수 있다. 특히 과학으로 단단히 무장되어 있다는 자본주의 사회에서는 과학과 더불어 사이비종교나 무당 등과 같은 주술성이 같이 공존하는 사실을 우리는 새겨보아야 한다. 그래서 과학의 진보를 말하면서, 과학 장르 하나만을 가지고 폐쇄적으로 논의해서는 결코 그 핵심을 파고들 수 없다. 과학의 진보는 윤리적 문제, 역사적 맥락에서의 진보, 인류학적 문명의 맥락에서의 진보 그리고 상징·이미지·신화 등과 같은 의사소통을 가능하게 하는 문화적 맥락에서의 진보와 함께 논의되어야 한다.

과학의 비선형성을 논증하기에는 과학의 현실과 과학의 희망이 서로 동떨어져 있는데다, 무엇보다도 우리 삶의 현장이 너무 피폐해져 있다. 그래서 과학의 진보만이 아닌 삶의 진보를 구체적으로 함께 말해야 한다. 삶의 진보는 나의 존재가 내가 호흡할 수 있는 역사의 그물망에서 하나의 격자점임을 인정하는 데서 출발한다. 역사의 그물을 짜나가는 작업은 한 방향으로만 직조되는 것이 아니라 여러 방향으로 짜나간다. 어디가 앞인지 모르지만 어느덧 우리는 격자점끼리 서로 소통할 수 있는 그물망을 넓혀나가고 있다. 과학의 진보도 삶과 유리된 과학지식의 과체중 성장이 아니라 구체적 삶의 격자점 넓히기의 한 단편이 되어야 한다.

2

과학적 세계관에
대한 인식론적 질문

과학은 마음을 어떻게 접근하는가

필름을 빨리 돌려서 정지된 화면들을 마치 연속적인 현실인 양 보여주는 것이 영화이다. 영화필름은 불연속적인 컷들의 조합일 뿐, 연속적인 현실은 아닌 것이다. 그래도 우리는 연속적인 영상을 보는 것처럼 느낀다. 사람의 시신경은 잔상효과라는 특별한 신경구조로 되어 있어서, 불연속적인 컷들을 마치 연속적인 것처럼 볼 수 있다.

시신경의 잔상효과란 방금 전에 우리 눈으로 본 것을 일정 시간이 지나는 동안에도 계속 보고 있는 것처럼 느끼게 하는 신경구조를 말한다. 그 잔상시간은 1/16초이다. 그러니 영화필름을 그 잔상시간보다 더 빨리 돌리면 불연속의 컷들을 연속적으로 보고 있는 것처럼 느낄 수 있다. 현재 필름을 돌리는 속도는 1/16초보다 빠른 1/24초이다. 다시 말해 1초 동안 24컷을 돌리는 것이다.

사람의 감각이라는 것이 얼마나 가상적인지를 알 수 있는 단적인 사례이다. 그러나 우리는 이런 가상을 현실이라고 말하며, 감각의 가상성 속에서 삶을 향유하고 있다. 이처럼 현실의 가상성을 현실처럼 느낄 수 있게 해주는 인간의 인식구조는 단순히 외부의 감각대상과 그것을 감각하는 사람의 감각신경으로만 이루어지는 것이 아니다. 어떤 감각을 얻어내기 위하여 사람은 그 대상만을 감각하는 것이 아니라, 그 대상이 속해 있는 전체 세계를 함께 감각한다.

내가 저 소나무를 보았다는 것은 달랑 소나무만 보는 것이 아니라, 소나무가 놓여 있는 언덕과 그 위의 하늘 그리고 소나무에 걸쳐 있는 구름 등 소나무와 소나무 아닌 것 사이에 비어 있는 것이 하나도 없는 그런 공간을 함께 보는 것이다. 그런 소나무를 보는 나 역시 눈의 망막과 시신경으로부터 지각을 확인하는 뇌와 가슴이 같이 움직여 대상을 대상으로 알게 된다. 아는 것에서 그치는 것이 아니라, 내가 전부터 보아오던 소나무에 대한 감각과 비교하여 지금 보고 있는 것이 소나무임을 확인한다.

이를 우리는 아는 것이라고 하고, 아는 것이 맞는지 틀렸는지를 전에 본 것과 비교하여 정말 맞는 소나무인지 아닌지를 순간적으로 판단한다. 그래서 감각은 순간적이지만, 대상의 세계 모두와 나의 인식의 역사를 동원하여 비로소 소나무임을 알게 된다. 결국 소나무에 대한 인식은 나의 전체 역사와 연관되어 있으며, 나의 전체 역사란 바로 나 아닌 타인 모두의 역사와 연관될 때 비로소 인식이 가능해진다. 다시 말해서 소나무 하나를 보고 인식하는 일에서조차도 우주를 관통하는 모든 인식의 눈이 동원되는 것이다.

이런 현상을 일컬어 우주적 인식이라고 말하는 사람이 있다. 그러나 우주적 인식이란 쓸데없는 오해만 불러일으킬 수 있다. 왜냐하면 '우주적'이란 표현은 추상적이고 반(反)과학적이며 관념적인 개념이기 때문이다. 우주적 인식이라는 표현은 매력적인 메타포이기는 하

갈매기와 물고기의 형태 이전
(위), 얼굴 모습의 변이는 심리
적 변모일 뿐…(아래)

지만 구체적인 근거를 확보할 수 없다. 그래서 우주적이라는 말 대신
에 게슈탈트(Gestalt) 인식이라고 표현하는 것이 더 낫다.

　게슈탈트 인식이라는 것은 추상적 근거에서 구체적 근거를 마련
하기 위하여 경험주의 심리학이 경험론적 인지과학으로 제시한 대안
이다. 게슈탈트 인지과학은 형태심리학(Gestalt psychology)의 주요
한 내용을 이루며, 그 근원적 배경은 생물학의 형태발생학에서 찾을
수 있다. 그래서 그 생물학적 배경을 먼저 이야기할 필요가 있다.

　19세기 말경 생물학 분야에서 형태발생학에 관한 논의가 생겨났
다. 형태발생학은 진화론의 한 가지이지만, 진화론적 사유와 약간의

68

차이를 보이기도 한다. 형태발생학은 현대 분자유전학의 관점에서 생식세포가 아닌 체세포 안에 자신의 형태를 기억하는 유전적 인자가 들어 있어 그로부터 생식세포를 통한 형태발생과 동일한 형태발생이 일어날 수 있다고 말한다.

생물학에서 형태발생학을 설명하기 위하여 자주 드는 사례로는 도마뱀의 잘린 꼬리가 있다. 잘린 꼬리는 다시 스스로 같은 모양의 형태를 가지고 생겨나는데, 이는 잘려나간 꼬리 연결부위가 꼬리의 형태를 기억하고 있을 뿐 아니라 체세포 안에 자체 복원기능이 있다는 전제 아래서 가능하다.

이후 이러한 사유방식은 경험주의 심리학에 크게 영향을 끼쳤으며, 이를 우리는 형태심리학이라고 부른다. 형태심리학은 인간의 인지구조가 언어의 논리적이고 추론적인 인지과정 이외에도 종합적이고 심상적(心象的)인 형태를 통해서 인지되는 과정을 크게 강조한다. 예를 들어 갤러리에 걸린 한 폭의 그림을 볼 때, 추론적 인지보다는 형태적 인지가 먼저 작동한다. 그림을 보면서 우리는 화폭을 잘게 나누어서 인지한 다음, 그것들을 다시 재구성해서 전체 그림을 인지하는 것이 아니다. 오히려 전체를 하나의 형태로 인지하며 그것을 마음속에 담아 하나의 심상으로 만들어 그림을 이해하게 된다. 이런 방식을 형태학적(Gestalt) 인지라고 말한다.

다른 예를 하나 더 들어보자. 책을 자주 접하는 사람 가운데는 다른 사람들과는 비교가 안 될 정도로 책을 아주 빨리 읽는 사람이 있다. 물론 내용도 다 이해하면서 말이다. 그런 사람들은 책을 읽을 때 단어 하나하나를 분절적으로 이해하고 그것을 모아서 문장 혹은 문단 전체의 내용을 이해하는 것이 아니다. 그보다는 하나의 화폭을 총체적으로 이해하듯이, 문장 혹은 문단 전체를 한꺼번에 인지하고 이해한다. 이는 특별한 재주라기보다 누구나 오랜 연습을 하면 저절로 습득할 수 있는 독서방식이다.

생리학적 측면에서 설명하자면, 분석적 인지를 주로 담당하는 좌측 두뇌와 종합적 인지를 주로 담당하는 우측 두뇌를 골고루 같이 쓰는 훈련을 하면 이것이 가능해진다고 한다. 물론 이와 같은 생리학적 설명은 현재의 과학수준에서 그럴 것이라는 추측일 뿐, 완전히 확증된 것은 아니다.

우리가 사물을 인식하는 과정은, 사물이 존재해야 하고 그 사물을 받아들이는 인간의 감각이 있어야 한다. 당연한 말이지만 서구 근대 인식론은 이 문제를 가지고 무려 300년이나 논쟁을 벌여왔다.

흄(Hume)과 같은 경험론 철학자는 사물의 경험적 지식에 중점을 두었고, 데카르트(Descartes) 같은 합리론자는 인식의 출발을 인간의 마음에 두었다. 그후 칸트(Kant)는 감각을 뿜어내는 지각경험과 그것을 받아들일 수 있는 마음의 틀이 동시에 작용해야만 인식이 이루어진다고 말했다. 칸트의 인식론은 흄의 경험론과 데카르트의 합리론을 종합한 것으로 이해하면 된다.

그런데 칸트와 유사한 형태심리학은 한번 인식된 과정을 그 다음번에 똑같이 반복하는 것이 아니라, 그 과정 자체를 기억하는 마음의 틀을 중시한다. 기존의 기억된 사물에 대한 지각을 연상하는 방식을 통하여, 새로운 사물 인식을 가능하게 한다는 것이다.

이와 같은 종합적 인지에서 게슈탈트 인식으로 나아가, 비록 추상적인 메타포이기는 하지만 우주적 인식의 눈이 있을 때 비로소 나는 새로운 사물과의 만남을 이룰 수 있다. 그런데 이런 만남이 하나만 존재하는 것은 아닌 것 같다. 내가 지금 경험하고 있는 인식의 세계는 많은 인식의 세계 중에서 하나일 뿐이다. 어쩌면 지금 이 인식의 세계는 우주적 잔상효과에 의해 1/16초보다 빨리 돌아가고 있는 것들로 이루어진 가상의 세계일지도 모른다. 그러나 그와 같은 가상의 공간이 존재하기 때문에, 실제 조각필름으로 구성된 영화의 공간이 연속적일 수 있다. 마찬가지로 현실 같은 가상이 부질없는 것이어서, 실재의 세계는 더욱 실재일 수 있다.

이런 이야기를 일러 어떤 이들은 관념적 세계관이라고 말하기도 한다. 그러나 그런 가상과 실재의 차이가 과연 무엇인가 하는 물음이, 컴퓨터가 획기적인 발전을 거듭하고 있는 최근 들어 쏟아져 나오기 시작했다. 가상세계와 실재세계의 차이는 대상을 나의 몸으로 느끼는 일에서부터 시작되어야 한다. 컴퓨터 게임의 가상성의 수준이 상상을 초월하여 이제는 가상 시뮬레이션이 현실을 대체하는 가상효과와 현실을 구분 못하는 경우가 늘고 있다. 결국은 마음이 무엇인가 하는 물음으로 넘어가야 한다.

마음이 무엇인지 묻는 순간 벌써 그 마음은 이미 대상화된 마음이어서 마음의 본연을 찾기가 어려워진다. 대상화되어서는 안 될 것인데도 불구하고 대상화했기 때문에 어렵다는 말이다. 선풍기가 무엇이고, 책상이 무엇인지를 묻는다면 이것들은 원래 대상화된 것이기 때문에 어느 정도 계량적으로라도 설명할 수 있으나, 내가 나에게 나는 누구인지를 질문할 때 가장 어렵듯이 마음이 무엇인가 하는 물음에 답하기가 가장 어렵기도 하다. 마음은 모든 일의 근본이라고 말하기도 하지만, 그 근본이 무엇인지를 묻는 일은, 원래 모르는 것이기

데카르트(1596~1650)

때문에 질문하기는 쉬우나 답하기는 어렵다.

서구에서 마음을 가장 많이 이야기한 이가 바로 철학자 데카르트이다. 그에게 마음이란 생각함을 낳는 어떤 실체인데, 마음의 실체를 직접 알기는 어렵지만 생각하고 있다는 사실 자체를 한시라도 생각하지 않음이 없기 때문에 마음의 실체를 간접적으로 알 수 있다고 데카르트는 말했다. 이렇게 데카르트 역시도 마음을 알기란 쉽지 않았다. 그렇지만 아무리 알기 어려워도 서양사람들이 생각한 마음은 결국 대상화된 마음이며, 데카르트는 이를 실체라고 했다.

그런데 데카르트가 생각한 실체로서의 마음에는 문제가 있다. 마음이 실체이듯 신체 역시 공간을 차지하는 실체라는 것이 데카르트의 주장인데, 마음과 신체가 서로 다른 두 개의 실체라면 그 두 실체는 서로 독립적이고 따라서 서로 연관성이 전혀 없게 된다. 쉽게 말해서 마음먹는 대로 몸이 따라 행동할 수 있다는 근거가 없어지게 되는 것이다.

데카르트는 이 문제를 고민하다가 나름대로의 묘안을 내놓았다. 즉 해부학적으로 뒷머리 아랫부분에 송과선이라는 것이 있는데, 바로 이 송과선이 몸의 행동을 지령하는 마음과의 연결부위라고 했다.

물론 데카르트의 이 말은 해부학적으로 근거가 없는 것이라서 곧 폐기되었다. 그러나 어쨌든 마음이 인간의 해부학적 두뇌와 깊은 관련이 있음을 인정하는 것이며, 이런 생각 즉 마음의 원천이 곧 두뇌라는 생각은 서양에서 지배적인 것이 되었다. 이후 기계론적인 자연과학의 발전으로 말미암아 이런 생각은 더욱 굳어지게 된다.

현대 생물학이 발달하면서 뇌에 관한 연구가 크게 늘어났다. 아무리 과학이 발달한 이 시대라 해도 뇌는 인체의 마지막 블랙박스라고 할 정도로 가장 알기 어렵고 접근하기 어려운 부분임이 분명하다. 그리고 정보공학과 유전공학 분야에서 하루가 멀다 하고 신기술이 쏟아져 나오고 있지만, 결국 미래기술이 뇌공학으로 집중될 것이라는 예측을 모두가 하고 있다.

그러나 기억의 메커니즘은 여전히 현재의 인공지능 과학으로는 엄두도 못 낼 신비의 영역이며, 엄청난 수의 신경세포로 구성된 뇌구조의 네트워크는 수학적인 기능 이상의 다중적 정보를 처리하고 있다. 140억 개의 신경세포와 약 1300억 개(숫자는 추정치임)의 글리아세포들은 서로 끊임없이 신호를 주고받으면서 더욱더 활성화되어 간다. 이 신호에 의한 정보 유·출입은 시냅스라고 하는 세포 연결부위를 통해 이루어진다. 하나의 신경세포는 많을 때는 수십만 개의 시냅스를 갖고 있어서, 정보 유·출입 과정은 간단히 파악되는 것이 아니다.

이렇게 서구의 과학과 철학은 마음을 대상화하여 인식하려 했고, 마음의 처소를 뇌로 보는 전통을 이어가고 있다. 그러나 마음은 유형적인 물질과 달라, 마음과 신체 혹은 정신과 물질을 같은 범주에서 논한다는 것은 처음부터 불가능했을지도 모른다. 물론 이러한 난관

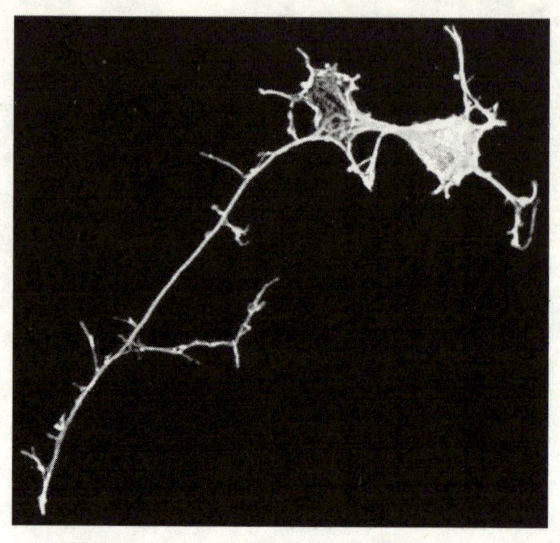

뉴런 세포의 확대 사진

은 데카르트를 포함한 서구의 철학자들도 충분히 인식하고 있었다. 그래서 마음을 다루는 최근의 서구철학은 마음을 대상화하기보다는 무엇을 지향하는 어떤 지향성으로 간주하는 경향이 강해졌다. 그래도 전반적으로 서구 인식론은 마음을 대상화함으로써, 지식의 영역 안으로 수용해야 한다는 강박감에 사로잡혀 있다.

마음은 실체로서의 마음이나 대상으로서의 마음이 아니라, 환경과의 관계성과 반응작용으로 보아야 할 것이다. 즉 마음은 대상이 아니라 작용일 뿐이라는 것이다. 작용으로서의 마음은 세계를 하나로 묶는 부수적 기능을 하기도 한다. 마음의 틀은 고정된 틀이 아니다. 그 틀은 정형화된 존재가 아니라 구조적 과정만 있을 뿐이다. 미술관에 가서 그림을 감상할 때 그림의 부분들을 분할하여 보는 것이 아니라 전체를 보듯이, 우리는 사물을 보는 또 다른 방식으로 전체를 보는 방식이 있으며 그것을 마음의 틀이라는 말로 바꾸어 표현했을 뿐

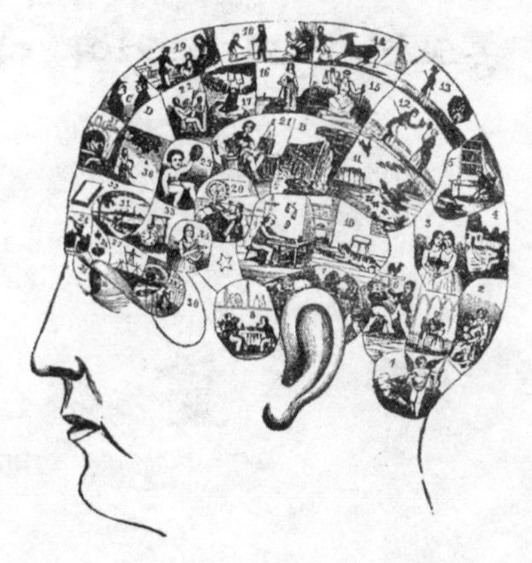

이다.

과학은 이러한 전체를 보는 마음의 틀을 놓치고 있다. 그래서 과학이 영원히 이러한 한계에 머물 것이라는 단언을 하려는 것은 아니다. 다만 게슈탈트의 과학을 행해 탐구를 더 진행시키자는 뜻이다.

과학적 신은
종교적 신과 무엇이 다른가

기독교의 신이 이 세계를 창조하였다고 한다. 신이 완전하듯이 신이 창조한 이 세계도 완전하였다. 신의 완전성이란 더 이상 완전해질 수 있는 가능성을 갖고 있지 않다는 것이다. 더 완전해질 수 있는 여지가 남아 있다면, 이미 이전의 완전성은 완전한 것이 아니기 때문이다. 그래서 신은 더 완전해지려는 운동을 하지 않으며 그 자체로 정지된 정점에 놓여 있다. 그러나 신이 창조한 이 세계는 완전하지만 정지된 것이 아니라 지금도 운동 한가운데 놓여 있다. 숙련된 시계공이 완전하게 만든 시계가 정지되어 있다면 완전한 시계가 아니듯이 말이다.

그러나 이 세계는 불완전한 현상이 너무 많다. 그 불완전한 현상은 시계를 작동시키기 위하여 시계태엽이 풀려가는 과정에서 생기는 불완전성이며, 완전성의 현시를 위한 과정의 불완전성이다. 그리고 시계태엽이 다 풀리면 다시 태엽을 감아주어야 한다. 그래서 신은 이 세계를 완전하게 창조했지만 풀린 시계를 다시 감아주어야 하고 감가상각된 시계를 다시 고쳐주어야 한다. 결국 신이 창조한 이 세계 안에서 신은 여전히 존재해야만 한다. 그래서 인간은 신을 향해 기도할 수 있는 근거를 가지게 되며 동시에 신은 인간세상의 기도를 들어줄 필요가 있는 것이다.

그러나 뉴턴의 신은 기독교의 신보다 더 완전하다. 그래서 뉴턴의 신은 이 세계를 완전하게 창조했을 뿐만 아니라 감가상각조차 없는 세계로 만들어놓았다. 뉴턴의 시계공은 시계를 완전하게 만들어놓았을 뿐더러, 제1태엽이 풀리면서 제2태엽이 감기는 시계를 만들어놓았다. 그래서 제1태엽이 수명을 다하면 제2태엽이 풀리면서 세계를 작동시키게 된다. 그리고 제2태엽이 풀리면서 운동하는 세계의 후발 작동과 함께 제1태엽이 다시 감기게 된다. 그러므로 이 세계는 스스로 영원히 자동 작동되고 결국 태엽을 다시 감아줄 신의 존재는 더 이상 필요하지 않다.

그래서 뉴턴의 세계에서는 신이 없는 것이 아니라 다른 세계로 다른 일을 하러 간 상태며, 따라서 이 세계에서는 세상의 기도를 들어줄 신이 없다. 신은 태엽을 감아줄 필요도 없고 감가상각 없는 시계를 애프터서비스할 필요도 없기 때문이다. 이런 경우를 철저한 기계론적 결정론의 세계관이라고 말한다.

이렇게 뉴턴의 신은 기독교의 신보다 더 완전하다. 물론 이 완전성은 이상적 사고실험(ideale Gedankenexperimente) 안에서만 그렇다. 뉴턴의 세계는 영구엔진을 장착하고 엔트로피의 증가가 없어서 시간의 투명성이 보장된 완전한 운동만 하는 이상(理想)상태를 항상 상정한다. 이러한 세계를 바로 기계론적 세계라고 부르는 것이다.

그래서 기계론적 세계에서는 세계를 작동시키기 위하여 신의 의지를 필요로 하지 않으며, 다만 톱니바퀴들 사이의 비율관계(ratio)만 있으면 되었다.

이 상황에서 우리는 과연 신의 완전성이란 무엇인지를 고민해 보아야 한다. 완전성은 스스로 모순이 없어야 한다. 또한 변화를 인정하지 않으며 그 스스로는 절대로 움직이지 않지만 다른 것을 움직이게 하는 영원한 동력을 지녀야 한다. 그리고 완전성을 유지하는 완전자는 완전자끼리의 상대적 비교를 허용하지 않는다. 다시 말해서 이것이 의미하는 바는, 진정한 완전자는 이 세계 안에 오로지 하나밖에 없다는 것이다. 이런 상황을 정리하면 다음과 같다. 신의 속성은 완전성, 불변성, 무모순성, 독립성, 정지성, 영원성, 유일성을 지닌다는 뜻이다.

그렇다면 철학적 의미의 신과 종교적 의미의 신은 어떤 차이가 있을까? 여기서 철학적 신은 과학적 신을 의미하며, 종교적 신은 기독교적 신을 의미한다. 어쨌든 그 차이는 간단하다. 과학적 신은 완전성, 불변성, 무모순성, 독립성, 정지성, 영원성, 유일성 등의 속성을 지닌 어떤 존재자가 있다면 그리고 있다고 할 경우, 그런 존재자를 과학적 신이라고 일컬을 뿐이다. 그러나 종교적 신은 먼저 어떤 존재자가 설정되어 있으며 그 존재자의 속성은 완전성, 불변성, 무모순성, 독립성, 정지성, 영원성, 유일성 등으로 정의할 수 있다고 말하는 것이다. 다만 기독교적 신에게는 이런 속성 외에 인격성이 더 덧붙여지는데, 이로부터 히브리즘의 역사가 형성되기도 하였다.

이러한 신의 속성을 좀더 이해하기 위하여 짧은 가상소설 한 편을 써보도록 하자. 이 소설에 등장하는 주요인물은 김박사라는 과학자이다.

김박사는 이미 노벨 물리학상을 두 번이나 받은 이 시대 최고의 물리학자이다. 평생 실험실과 집만 오가던 그가 하루는 우연히 시장통 한구석에 몰려 있는 사람들 틈에 끼어 재미 삼아 주사위 노름을 하게 되었다. 결국 그는 호주머니에 든 돈을 다 잃었고 다음날 다시 가서 더 큰 돈을 잃었다. 그 다음날 다시 가게 되었고, 이렇게 노름에 빠져 주사위 노름판에 출근을 하였다. 몇 달이 지나 재산을 다 탕진하였을 뿐 아니라 은행에 상당 액수의 빚까지 지게 되었다. 그를 지켜보던 주변사람들이 그의 도벽을 끊게 하려고, 그를 시골로 내려가게 했다. 이렇게 시골로 내려간 김박사는 노름은 그만두었지만, 주사위에 맺힌 한 때문에 국제주사위연구소라는 간판을 내걸고 일찍이 자신이 실험실에서 쓰던 첨단 실험장비를 동원하여 주사위 연구를 시작하였다.

　이 세상에 존재하는 모든 주사위를 다 사다 모아놓고는, 각 주사위의 표면재질과 질량, 모서리 각도에 따른 공기저항, 낙하표면의 재질에 따른 낙하순간의 저항변수들, 유체역학의 과학을 멋지게 설명해 준 베르누이 정리에 따른 주사위의 미세 회전량, 투사환경의 유체역학, 주변온도에 의한 압력의 변화, 컴퓨터 투사력의 미세한 차이에 따른 투사체의 변이도 등 무려 몇십만 가지는 족히 되는 수많은 운동변수들에 의한 초기값을 연구하여 그에 따른 결과값을 내고자 하였다. 즉 던져진 주사위의 숫자를 우연의 결과가 아니라, 필연의 결과로 얻기 위하여 과학탐구를 한 것이다.

　김박사는 주사위에 관한 한, 신과 맞먹으려는 의지를 강하게 보였다. 이런 의지를 표명한 데 대하여, 하늘에 존재한다는 과학적 의미의 신이 이를 보고 우습지도 않아 그의 의지를 하찮게 여겼다. 그런데 연구를 시작한 지 10년이 지나 박사의 연구결과는 신의 주사위 능력에 거의 버금가게 되었다. 김박사를 우습게 보던 신은 너무나 깜짝 놀라 위기감을 느꼈고, 어떤 조치를 취하지 않을 수 없었다.

　여기서 가상적인 신의 대응조치는 다음 몇 가지로 상상할 수 있다.

　첫째, 기억상실증 등을 동원하여 김박사의 주사위 연구능력을 몰수한다. 둘째, 주사위에 관한 한 그의 행위가 너무나 고약하기는 하지만 그 능력을 인정하여 주사위세계에서 김박사를 자신과 공존토록 놔둔다. 예를 들어 북반구의 주사위 놀이는 신이 맡고 남반구의 주사위 놀이는 김박사가 맡는다는 식이다. 셋째, 김박사의 행위에 너무나 분통이 터져 신이 스스로 자신의 존재를 삭제한다. 넷째, 신의 능력에 버금가게 된 김박사와의 수준을 더 벌려놓기 위하여 신이 자신의 완전성을 향하여 더 노력한다.

그럼, 이번에는 말도 안 되는 이런 가상조건을 한번 더 검토해 보기로 하자.

그런데 앞에서 말한 과학적 신은 다음의 조건을 충족시켜야 한다. 즉 완전성, 불변성, 유일성, 영원성, 독립성, 무모순성, 정지성이다.

우선, 둘째의 상상적인 공존의 상황은 과학적 신의 유일성 조건에 위배되어 탈락된다. 넷째 조건 역시 더 노력할 수 있는 잠재성을 가지고 있다면 그전의 신의 상태는 완전성이 아니었음을 드러내는 것이기 때문에, 완전성 조건에 위배되어 탈락된다. 첫째와 셋째 상황은 기독교에서 말하는 실현된 종말(realized eschatology)의 상황과 유사하다. 셋째 상황은 과학적 신을 더 이상 필요로 하지 않는, 과학이 종교를 대체하는 상황이다. 만약 과학의 발전이, 예를 들어 완벽한 인조인간을 만들고 완전한 생명복제가 가능한 상태까지 이를 경우를 상정한 것이다.

현재의 과학기술은 그 어느 때보다도 급속도로 발전을 거듭하고 있으며, 과학을 만들어낸 인간 스스로도 믿기 어려울 정도로 비약적이다. 이런 상황이라면 미래의 과학기술은 우주와 생명의 모든 비밀을 풀어낼지도 모른다는 희망과 절망 혹은 낙관과 비관이 혼재된 예측불허의 상태가 될 수도 있다는 생각이 언뜻 들기도 한다. 이런 미래의 상황이 실제로 온다면 과연 신의 존재가 인간에게 필요한지는 정말 회의적일 수밖에 없을 것이다.

첫째 상황은 아무리 과학이 발전한다 하여도 인간의 본성을 포함한 생명체 혹은 우주의 모든 비밀을 설명하기에는 과학기술에 근원적 한계가 있다는 것을 설정한 것이다. 우리의 미래가 첫째 상황이 될지 혹은 셋째 상황이 될지는 아무도 모르며, 다만 개인의 신념에 따라서 첫째 혹은 셋째의 미래 상황을 마음속에 품을 수 있을 것 같다.

결국 첫째 상황은 과학의 발전과 관계없이 기성 종교는 존속할 것으로 추측할 수 있다. 이 경우는 과학적 신과 종교적 신은 근원적으로 다른 범주의 존재자임이 확인될 수 있다. 그러나 셋째 상황은 과학적 신이 종교적 신을 완전히 대체할 수 있는 삭막한 기계의 세계가 될 것으로 추측할 수 있다. 하지만 이 점에서 과학적 신과 종교적 신은 엄연하게 차이가 난다.

이 차이를 분명히 인식해야만 요즘 논란이 되고 있는 과학기술의 사회적 윤리 문제를 올바르게 접근할 수 있다. 유전자 복제기술이나 인공지능 등 최근의 과학성과는 단순한 응용윤리의 논란을 뛰어넘어 심각한 인간위기의 문제와 맞닿아 있다. 특히 셋째 상황은 기독교 창조주의 문제와 정면으로 부딪히기 때문에, 서구 윤리학에서는 이 문제를 가장 큰 주제로 다룬다. 예를 들어 복제양 돌리로부터 촉발된 유전자 지도 문제와 체세포 복제를 이용한 유전자 조작기술은 정말로 인류의 엄청난 위기를 예고하는 것이기 때문에, 과학적 신과 종교적 신의 개념적 차이는 단순히 형이상학에 그치는 것이 아니라 우리 인간의 구체적 삶의 미래와 직결된다.

기계론과 결정론적 세계관은
어떤 연관성이 있는가

우리는 기계라는 용어에 너무 익숙해 있다. 게다가 기계는 톱니와 동력, 설계도면과 자동성이라는 개념이 따라붙으면서, 인간이 할 일들을 대신해 준다는 편리성의 의미까지 포함하고 있다. 그러나 기계론적 세계관에서 말하는 기계성은 너무 추상적으로 들릴 수 있다. 우리가 일상적으로 말하는 기계에 대한 인식과 다른 형이상학적 의미가 부여되기 때문이다.

모든 인간이 사라진다 해도 자연의 법칙은 인간의 존재 여부와 관계없이 여전히 존재한다. 그러나 기계는 인간에 의해 제작되기 때문에 인간이 사라지면 기계도 사라진다는 과거의 사고방식에 사로잡혀 있기도 하다. 인간이 다시 존재하지 않고서는 더 이상 기계가 제작되지 않는다는 뜻이다. 몇몇 생명체가 도구제작을 할 수 있다고 하지만, 현재의 진화적 위상에서는 인간만이 기계를 제작할 수 있다. 기계는 죽은 재료에서 만들어진 인간의 산물이다. 『옥스퍼드 영어사

전』(*The Oxford English Dictionary*)에 의하면 기계는 "각각의 부분들이 각각의 고유의 기능을 가지며, 서로 관계된 부분들의 합으로 구성된 역학적 기능을 수행하기 위한 장치"로 기술되어 있다. 예를 들어 자동차나 컴퓨터가 그런 것이다.

만약 기계가 자체 추진동력을 장착했으며 또한 그 기계가 시간의 흐름에 따라 간단한 수리조차 받을 필요도 없는 그런 자기 조직적인 기능이 완비되었다면, 기계제품은 각각의 모양을 지닌 부분들로 분해도 되고 다시 조립도 되어, 그 전체의 역학적 작용은 인간이 바라는 의도에 따라 조정될 수 있을지도 모른다. 그렇지만 그런 작용 역시 인간에 의해 설계되었을 뿐이다. 기계를 이루는 물질과 그 물질을 움직이게 하는 동력이 비생물적 본성의 법칙에 따른다고는 하지만, 기계의 구조와 그 구조의 작용방식은 인간에 의해 결정된다. 우리는 기계를 제작하고 그것을 움직이게 하는 데 있어서, 그 물질과 동력을 유효한 자연법칙에 맞게 해주고 또한 우리의 목적에 맞게 사용되게끔 한다.

그러나 기계의 특성 가운데 하나인 자동성은 매우 중요한 철학적 의미를 담고 있다. 한번 만들어진 기계는 사람이 건드리지 않고도 작동한다는 것이 바로 자동성의 개념이다. 영화 〈터미네이터〉와 같은 상황이 현실에서 일어난다고 가정해 보자. 〈터미네이터〉에 등장하는 기계는 스스로가 스스로를 제작하는 자기 자동성을 지닌다. 작동의 자동성뿐만이 아니라 제작의 자동성까지를 포함하는 그런 자동성이다. 제작의 자동성이라는 면에서는 최초의 제작자는 기계 스스로가 아닌 외부 제작자일 테지만, 어쨌든 그 이후부터는 자동적으로 스스로를 제작할 수 있게 된다는 점을 인지해야 한다. 이러한 제작의 자

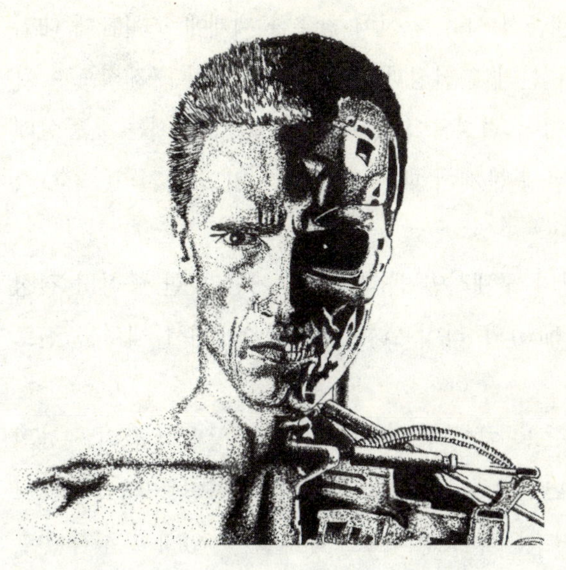

동성 의미는 사실 〈터미네이터〉 영화에서 시작된 것이 아니라, 이미 뉴턴의 세계관에서 출발했다. 뉴턴의 세계관은 앞의 질문들에서 다루었듯이 형이상학적 기계론의 대표적인 모습을 보여준다.

자동기계의 상황을 한단계 올려 생각해 볼 때, 즉 피조물의 위상을 기계에서 인간을 포함한 자연 전체로, 또 제작자의 위상을 인간에서 신으로 격상시키게 되면 바로 추상적인 형이상학적 기계론이 된다. 형이상학적 기계론은 일종의 추상적 세계관이지만, 실제로 서구의 근대 과학혁명을 일으키는 데 있어서 결정적인 정신적 배경이 되었다. 그 전형적인 경우가 바로 앞서 말한 뉴턴의 역학구조이다.

더 흥미로운 것은 기계론적 사유가 서구의 기독교 세계관과 충돌 없이 공존할 수 있었다는 점이다. 뉴턴은 기독교 신의 권능을 현시하는 사례로서 동역학을 완성시켰다. 뉴턴의 동역학 구조는 신의 완전성을 보강하고, 기계론적 사유를 신이 창조한 세계에 조화롭게 대입시켰다. 뉴턴에게서 신의 완전성과 철학적 기계론이 구체적으로 나타난 것은 결국 수학적 결정론이다. 수학적 결정론에서는 운동상태에 있는 물체의 상관성 문제에 대한 해(解)가 반드시 일의(一意)적으로 존재해야 한다.

그리고 자연과학의 구체적인 문제풀이를 가능케 한 수학적 결정론은 라플라스(Laplace)와 라이프니츠(Leibniz)에게서 새로운 진로를 찾는다.

수학자인 라플라스는 자연의 사실영역을 형이상학적 신의 권능의 영역이 반영된 것으로 해석하였다. 따라서 그는 자연을 해석하는 모든 운동방정식이 결정론적 방정식으로 대체될 수 있다고 생각했다. 그 근거로서 라플라스는 신을 도입하였다. 라플라스의 신(damon)은 전지전능이라는 점에서 기독교의 신과 같은 완전성을 지니고 있다. 다만 라플라스에게서 신의 전지전능성은 의지적인 것이 아니라 기계적 완전성에 해당된다.

라플라스의 신은 시간적 간격이 있는 두 사건을 공간적으로 펼쳐진 한 스코프(scope) 안에 놓여 있는 것처럼 볼 수 있다. 그래서 라플라스의 신에게는 두 시간대에 놓여 있는 두 사건이 한 시간대에 놓인 두 사건으로 인식된다. 따라서 인간의 이성으로는 한 시간대에 파악할 수 없는, 시간적으로 분리된 두 사건이 데몬, 즉 그의 신에게는 하나의 공간 안에 놓여 있는 것으로 파악이 가능하다. 결국 라플라스의 신은 모든 인과적 현상과 겉보기에 인과적으로 보이지 않는 현상들까지도 모두 결정론적으로 인식 가능하다. 이러한 라플라스의 세계구조는 철저한 결정론적 인식론을 함의하고 있다. 또한 이같은 라

라플라스(1749~1827)와 라이프니츠(1646~1716)

플라스의 강한 결정론은 형식수학과 경험과학의 근거를 동일한 것으로 보게 된다.

반면에 라이프니츠는 사실의 영역을 이성의 힘으로 확장하는 데 힘을 쏟았다. 실제로 자연계 안에서 결정론적 방정식으로 해(解)가 나올 수 있는 부분은 매우 적었다. 자연에 대한 해석을 결정론적 방정식을 가지고 풀려면, 먼저 자연적 대상이 남김없이 모두 계량화되어야 한다. 그래서 라이프니츠의 미적분법은 계량되지 않는 자연의 모습을 계량 가능한 미소(微小)의 직사각형으로 무한소 분할하여 그 면적을 계산한 다음, 그렇게 무한 분할된 직사각형을 다시 전체 합산하여 원래의 자연의 모습을 계산하는 수학적 계량작업이었다. 결국 라이프니츠의 미적분법은 미지의 자연계에 이성의 칼을 과감하게 들이대어 크게 성공을 거두는 전환의 역사를 이루었다.

뉴턴과 라이프니츠 그리고 라플라스는 모두 자연과학의 성립을 위하여 신의 존재와 형식과학의 타당성을 그 근거로 삼았다. 이렇게 서구사상, 특히 서구 자연과학이라는 집은 유대-기독교 전통의 히브리즘과 고대 그리스의 철학전통인 헬레니즘이라는 거대한 두 개의 기둥 위에 축조되었고, 철학과 예술, 사회구성뿐 아니라 자연과학 측면에서도 이 두 기둥 위에 축조된 가장 두드러진 건축물이었다. 자연은 이에 따라 재단되는 대상일 뿐이었다.

물론 근대 자연과학은 신의 의지와 목적을 배제하는 데 힘을 기울였다. 그래서 뉴턴은 지구와 달의 관계처럼 행성의 운동이 항상 일정한 궤도를 그리는 *이유*(Why)에 대한 탐구를 포기하고, 단지 *어떻게*(How) 그런 운동이 기술될 수 있는가에 대한 탐구로 제한하였다. 그러나 신을 개입시켜야만 해결 가능한 이유를 포기했기 때문에, 오히려 만유인력법칙이라는 거대 법칙을 탄생시킬 수 있었다.

뉴턴은 두 개의 물체가 서로 끌어당기고 미는 힘의 관계를 제대로 기술하기 위하여 변수로 취해야 할 외부의 인과적 요인이 너무 많다는 것을 알게 되었다. 지구와 달의 관계방정식을 제대로 만들려면 지구와 달에 미치는 모든 별의 힘들을 상정해야만 했다. 그러나 그러한 상정은 신이라면 몰라도 인간의 이성으로는 절대 불가능한 일이었다. 물체가 두 개보다 많을 경우 그들 상호간의 피드백 관계를 결정론적 방정식으로는 결코 풀 수 없기 때문이다. 그래서 뉴턴은 문제를 풀고자 하는 방정식에 관련된 두 개의 물체만을 고려하고 나머지 물체는 없는 것으로 간주할 수밖에 없었다. 이와 같은 가정을 물리학에서는 '고립화의 상정'이라고 말한다. 고립화의 상정은 자연계의 원래모습에서 벗어나는 일이지만, 고립화가 있었기 때문에 근대 자연과학 혁명은 가능하였다.

　19세기에 들어오면서 그동안 과학자들 사이에서 가장 큰 논란거리였던 온도의 실체가 무엇인가 하는 문제가 다시 제기되었다. 19세기 이전에도 당시에 이미 오류의 과학으로 판명된 플로기스톤 이론 등 많은 이론이 등장했으나, 그 어느 것도 온도를 설명하는 해답이 되지 못했다. 그러다가 마침내 온도를 설명하기 위하여 분자의 충돌에 의한 압력이라는 새로운 생각이 대두하였다.

　그러나 생각은 훌륭하지만 세 개 이상의 물체들 사이의 충돌 내지는 상관관계를 수학적으로 푼다는 것은 아예 엄두도 못 낼 일이었다. 당구대의 공이 두 개일 경우와 아홉 개일 경우는 그 예측도에 있어서 비교할 수 없는 차이가 있는 것과 같다. 하물며 23제곱승 개의 분자 수를 가진 분자간의 충돌운동을 결정론적 방정식으로 예측한다는 것이 가당키나 하겠는가. 그래서 열역학이 등장했으며 열역학은 이들 사이의 운동을 결정론적 방정식이 아니라 통계적 방식으로 기술하였다.

　바야흐로 신의 완전성은 인간이 풀 수 있는 방식으로 모두 환원되는 것이 아님을 인정하기에 이른 것이다. 하지만 이러한 변화는 인간 이성의 한계를 드러내는 일이기도 하지만, 한편으로는 신의 지위가 격하되는 일이기도 했다. 왜냐하면 이제 자연의 문제를 풀기 위하여 신의 존재를 근거로 대는 일이 정당화될 수 없었기 때문이다.

　19세기의 열역학은 자연에 대한 이해가 결정론에서 확률론으로 변화되고 있음을 보여주는 것이었다. 그럼에도 이 확률론은 신의 전지전능성 자체를 붕괴시키는 것은 아니었다. 다만 인간인식의 한계를 스스로 인정하는 계기가 된 것이다. 그러나 20세기에 들어오면서 상황은 많이 달라지게 되었다. 양자역학의 성립은 자연에 대한 색다른 성찰을 요청하였기 때문이다. 즉 양자역학은 기존의 뉴턴 역학과 달리, 도대체 객관성이라는 것이 무엇인지를 반성하게 해주었다.

자연과학의 최고 성문법인 객관주의는 주관과 객관이 서로 간섭을 받지 않을 정도로 동떨어져 있어야 한다는 것이다. 자연과학에서 말하는 이론(theoria)이라는 용어는 그리스어의 어원상으로 대상과 떨어진 상태에서 멀리 관조할 수 있음을 전제로 한 것이다. 서로 떨어져 간섭이 불가능한 상태를 말한다. 그러나 양자역학에서는 관찰 주관이 관찰대상을 관찰할 때 객관성의 아성이 무너지고 상호간의 간섭이 일어난다. 이러한 상호 간섭작용은 운동물체에 대하여 결정론적 방정식을 이용해서 해(解)를 구하는 것을 원천적으로 불가능하게 만든다. 이런 현상을 하이젠베르크는 불확정성이라고 표현을 하였고, 닐스 보어는 상보적이라고 했으며, 아인슈타인은 주사위 놀이를 하는 신이라고 했다.

이제 자연은 인간의 인식대상에서 대립적으로 놓여 있는, 그래서 객관적이라고 했던 대자적(對自的) 관계를 벗어나고 있다. 고전과학의 자연은 인간이성에 의해서 객관적으로 계량 가능한 영역이었거나 아니면 그렇게 되어야만 하는 자연이었다. 그러나 양자역학이 등장하면서, 이제 자연은 고립적일 필요가 없거니와 이상화된 방정식 안에 갇혀 있는 자연도 아니게 되었다. 자연과 인간은, 전자가 후자에 의해 이용당하는 상호 대립적인 관계가 아니라 상호 호환하는 관계로 변하게 된 것이다. 그래서 자연은 죽어 있는 물리학적 자연에 그치는 것이 아니라 살아서 호흡하며 인간과 대화하는 생물학적 자연이어야 한다는 생각이 자연스럽게 나오게 되었다. 오늘날 이러한 생물학적 자연의 의미는 현대 자연과학의 가장 중요한 화두가 되어 있다.

뉴턴이나 라플라스 그리고 라이프니츠 역시 객관성이란 단일 질점(質點, material point)으로 보장된 자기동일성에 그 근거를 두고 있다고 보았다. 하지만 이제 객관적 대상을 신이 부여해 준 원래의 자기동일성이라는 정의로써 더 이상 유지할 수 없게 되었다. 이렇게 양자역학에서 객체와 주체의 가름선이 모호해졌지만, 현대의 생명과학에서는 그 모호성이 더욱더 깊고도 구체적으로 나타났다.

그러나 사실 이것은 모호성이라기보다 자연의 원래 모습을 찾아가는 현대과학의 여정이다. 생명체의 분자구조 속에서, 효소의 발생과정에서, 생명체의 거대 진화과정에 이르기까지 나와 너 사이의 폐쇄적인 경계선이 허물어지고 있는 것이다.

생명의 자기동일성은 기계론적 모델이 아니라, 외부환경과의 에너지를 주고받는 생명모델로 정의될 수 있다. 극단적으로 말해서 고유의 자기동일성이란 없다. 주체가 객체를 인식하는 것이 아니라, 주체와 객체가 교환되고 스스로가 스스로를 생산하는 자기생산의 지속적인 역동성만이 있다. 그래서 자기동일성이 있다면, 그것은 하드웨어가 아니라 정보만이 항상성을 지니는 소프트웨어의 자기동일성과 같은 것이다.

생명체의 이런 존재방식을 생물학에서는 산일구조(dissipative structure)라고 말한다. 산일구조는 물질과 에너지를 환경과 교환하면서 자신의 엔트로피를 감소시켜 항상 비평형상태를 유지한다. 생명계에서 평형상태란 생명의 죽음을 의미하는 것이므로, 생명의 비평형성을 유지하는 일은 바로 생명현상 그 자체이다. 결국 생명현상을 정의하는 자신의 존속(survive)과 후대를 잇는 번식작용(reproduce)이 전형적인 비평형 구조의 역학이며, 산일구조의 특징적인

현상이다.

시계공이 제작한 모든 산물들은 평형상태의 구조물이다. 그래서 초기의 평형적 구조물은 완전하게 태어나지만 그 스스로 존속과 번식을 못한다. 평형상태의 구조물들은 주체와 객체를 분명하게 구분하는 단순 위상의 대상들이었다. 시계공의 뛰어나 설계도면대로 만들어진 시계는 완전할 수는 있어도, 그 스스로 비평형성에 다다를 수는 없다. 제작된 시계의 존재이유는 시계공에게 있고 동력이유도 밖에 있지만, 생명체는 설령 그 존재이유는 밖에 있다 할지라도 동력이유만큼은 그 자신에게 있다. 기독교의 신이 생명체를 제작했다 하여도, 생명은 '저절로 그러하지는' 못할지언정 '스스로 그러한' 존재라는 이야기이다.

스스로 그러한 존재의 양상은 현대 면역학에서도 나타나고 있다. 산일구조를 기반으로 한 면역학적 자아는 자기(self)와 비자기(非自己, nonself)의 폐쇄적 구분을 넘어서 있는 환경의존적 자아이다. 다시 말해서 면역학적 자기(immune self)는 폐쇄된 자기동일성을 가지는 것이 아니라, 환경에 따라 자신의 위상을 객체로 할 것인지 혹은 주체로 할 것인지를 결정한다.

따라서 면역학적 자기는 현대 자연과학의 주체성 확보를 어디에서 찾아야 하는지를 말해 주는 중요한 단서가 될 수 있다. 면역학적 자기는 비자기를 인식하기 위한 과정적인 절차일 뿐이다. 그러한 자기는 원래 누구로부터 소여(所與)된 고정성을 벗어나 있으며, 비자기와의 간섭을 통해서 자기를 확보해 간다. 자기를 비자기로 잘못 인식하는 것이 알레르기라고 말하지만, 그것은 잘못 인식하는 것이 아니라 그렇게 인식함으로써 전체 생명을 보존하는 데 유리하게 하는 자기 원인적인 현상이다.

기계의 집합체인 자연은 온통 명사들로 채워진 자연사 박물관이다. 그러나 생명의 구조로서 자연은 움직이는 모든 것을 그렇게 움직이게끔 하는 동사와 형용사들의 연회장이다. 그 연회장에서는 존재의 자유로움이 마법의 상자 안에서 하나씩 하나씩 탈출하고 있다.

디지털적 사유가 정말 만능일까

이 세상에 존재하는 색깔은 모두 몇 가지일까? 이런 질문을 받고 쉽게 답하기는 아마 어려울 것이다. 태양에서 쏟아지는 빛을 스펙트럼으로 볼 때 비로소 색깔을 감각할 수 있다. 우리는 그런 빛깔을 빨주노초파남보 7가지 색깔이라고 말하기도 한다. 그러나 스펙트럼을 통해 보는 빛의 색깔은 빨주노초파남보 7가지만 있는 것이 아니다. 원래 빛깔은 연속적이며 따라서 색깔도 무한하다. 그러나 인간은 연속적인 무한성에다 색깔의 이름을 다 붙일 수 없기에, 결국 인간이 붙일 수 있는 색깔의 이름을 만들어서 연속의 빛깔을 불연속의 색깔 이름으로 제한하고 마는 것이다. 그래서 색깔의 이름과 이름 사이에 끼여 있는 색깔은 앞뒤 이름의 색깔로 그 이름을 대신한다.

이럴 경우 이름과 이름 사이에 있는 색깔은 어떤 사람에게는 귀찮은 존재가 되어버린다. 예를 들어 56색의 크레파스를 만드는 크레파스공장 주인에게는 56색 사이에 있는 무수한 색깔들의 존재는 일종의 색깔의 노이즈(noise)일 뿐이다. 그래서 색깔의 이름이 없거나 무한한 색깔에 이름을 붙이려고 한다면, 우리는 색깔의 노이즈로 말미암아 색의 혼동을 일으키고 만다. 따라서 일정한 스펙트럼의 간격으로 색깔의 이름을 적당히 붙임으로써, 우리는 색깔의 노이즈로부터 벗어나는 것이라고 변명할 수 있다.

마찬가지로 전화기의 소리도 그렇다. 아날로그 방식의 전화국에서 사용하는 구형 송출방식은 전기신호로 환원된 사람의 소리가 연속적이어서 송출하는 전기에너지와 1대 1 대응하기가 어렵다. 그래서 우리는 전화통화를 할 때 잡음을 경험하게 된다. 그러나 요즘 사용하는 디지털 방식의 송출은 연속적인 소리의 전기신호를 불연속적인 단위로 끊어서 한단위 한단위 송출한다. 따라서 이를 받는 수신기는 단위 전기신호를 다시 소리로 바꿔주면 되기 때문에 잡음이 없다.

이렇게 디지털 전환은 전기신호 0과 1 사이에 존재 가능한 중간 미세정보들을 0과 1의 디지털 단위에 편입시킴으로써, 중간 미세정보 때문에 발생하는 정보 전달과정의 전기 노이즈의 문제를 획기적으로 해결하였다. 그러나 디지털 인공신호는 원래의 자연신호와 차이가 날 수밖에 없다. 연속을 불연속으로 바꾸는 과정에서 불연속의 단위에 편입된 연속의 많은 것들이 사라져 버리기 때문이다.

그 결과 우리는 디지털 휴대전화를 사용하면서 실제의 소리가 아니라 편집된 소리를 듣고 있는 셈이며, 디지털로 구획되지 않았던 원래의 소리 대신 가상적인 소리를 듣는 것과 비슷한 상황에 놓이게 되는 것이다. 결국 전화소리를 들으면서 우리는 아주 미세하기는 하지만 어느 정도 가상의 세계를 맛보고 있는 셈이다. 그러나 그 작은 미세한 차이는 엄청난 변화를 초래할 가상계의 미래를 그 안에 품고 있다.

　디지털을 통한 가상성과 현실성의 차이는 디지털 특성과 아날로 그 특성의 차이를 비교해 보면 드러난다. 디지털 정보는 불연속적 단위로 새롭게 조합된 정보이다. 반면에 아날로그 정보는 연속적인 어떤 하나이다.

　예를 들어 물이라는 정보의 전달과정을 보자. 이쪽 항아리의 물을 다른 항아리로 옮기려고 할 때, 물통으로 한 통, 두 통, 세 통 세어서 물을 옮기면 물의 손실이 없을 것이다. 이것이 디지털 방식의 물 전달 효과이다. 이러한 전달과정에서는 물의 노이즈가 발생하지 않는다. 반면에 물통 없이 이쪽 항아리를 들고 저쪽 항아리로 직접 붓는다면, 옆으로 새거나 흘리는 물이 있을 수 있다. 이를 물 전달의 노이즈라고 한다. 그리고 이런 상황을 은유적으로 표현하여 아날로그 방식의 물 전달 방식이라고 할 수 있다.

　물통으로 세어서 옮겨진 물은 전달효과는 클지 몰라도 상대방은 원하는 만큼의 물이 아닌, 계량화된 물통 수에 맞춰진 강요된 물의 양을 전달받아야 한다. 그러나 항아리째 들어서 옮기는 물은 비록 물을 흘릴 수는 있지만 상대방이 원하는 양만큼 부어서 적절한 양에서 옮기기를 멈출 수 있다. 결과는 디지털 방식의 물 옮기기는 정확한 양이 문제인 반면 상대방의 의도와 어긋날 수 있으며, 아날로그 방식의 물 옮기기는 물은 흘릴 수 있지만 상대가 원하는 만큼의 양을 줄 수 있다. 디지털과 아날로그의 이같은 수사적 비유는 결국 가상세계와 현실세계의 차이를 표현해 주는 것이기도 하다.

　요컨대 디지털 기술은 이 세계를 어떻게 하면 적절하게 나눌 수 있으며, 그것을 다시 유용하게 조립하고 편집할 수 있는가 하는 것에 초점이 맞추어져 있다. 그런데 한 가지 의문이 드는 것이 있다. 우리가 살고 있는 이 세계 모두가 디지털처럼 전부 분할 가능한 것인가 하는 점이다. 이 말은 이 세계가 개별적 단위의 부속품들로 조립한 존재로서 설명 가능한가라는 물음과도 같다.

결국 디지털 방식의 사유가 우리의 자연을 인식하는 아주 유용한 방법인 것은 인정하지만, 그렇다고 해서 인식의 대상이 되는 자연 자체가 디지털로 구성된 것은 아니라는 것 또한 엄연한 사실이다. 더 심각한 문제는 인식방법으로서의 디지털 방식의 사유가 자연 자체를 디지털로 오해하는 일종의 문명화된 과학의 권력이 형성되어 가고 있다는 점이다. 우리는 이 문제를 반드시 짚고 넘어가야 한다. 이 문제로 들어가기 위해서는 먼저 과학의 사상적 구조를 밝히는 것이 필요하다.

사이언스(science)라는 말을 번역한 과학이란 용어는 비록 일본에서 번역한 것이기는 하지만 괜찮은 번역어이다. 원래 사이언스라는 말은 고대 그리스어로 '진리추구'라는 뜻이다. 그러다가 아리스토텔레스에 와서 분류의 개념으로 바뀌었다. 철학과니 사학과니 하는 과(科)나, 생물을 분류하는 종-강-목 다음의 과(科)라는 말이 다 분류라는 뜻을 지니고 있다. 그래서 과학은 진리를 찾는 것인데, 진리를 찾는 방법은 눈에 보이고 지각 가능한 자연계의 사물들을 비슷한 것끼리 모으고 다른 것과는 다르게 분류하는 것이라고 보았다. 이렇게 해서 진리가 찾아진다고 믿었던 모양이다. 그래서 같은 것과 비슷한 것 그리고 다른 것을 구분하는 정확한 눈을 가져야 했다.

어쨌든 과학은 지각되는 것에서 출발한다. 그리고 지각된 것끼리 모으고 나눈 다음에 그 이름을 붙여야 했다. 그런데 그 이름은 지각

되는 개별 사물과 달리 추상성을 지닐 수밖에 없었다. 추상적인 이름은 현실에서 존재하는 것이 아니라 말 그대로 이름만 있을 뿐이다. 그럼에도 서구의 과학과 철학은 그 이름이 개별 사물에 앞서서 실재하는 것이라고 했다. 이런 언급을 한 최초의 철학자가 바로 플라톤이었고, 그의 철학적 주장들을 묶어 실재론이라고 이름붙였다. 그 이후 서구의 과학과 철학은 플라톤 철학의 주석이라고 일컬어도 과언이 아닐 정도로, 플라톤의 실재론 철학은 서구사상사에서 가장 큰 기둥 구실을 해왔다.

예를 들어보자. 사과가 나무에서 떨어지고 대포가 날아가고 폭포수가 떨어지는 개별 현상들을 포괄하는 법칙을 중력법칙이라고 말한다. 사과가 나무에서 떨어지는 현상은 그 자체로 과학이 될 수 없지만, 그런 유사한 현상들을 묶어서 그것들의 공통점을 뽑아내어 거기에다 이름을 붙인 것이 바로 중력법칙이며, 그 법칙은 과학의 대상이 된다.

하지만 서구과학은 이런 법칙이 단순히 현상들을 설명하는 수학식이 아니라, 이 법칙세계에 실재하는 선험적 존재라고 말하고 있다. 그래서 미로의 탈출구가 있기 때문에 그 미로를 찾아 나서는 것처럼, 법칙이 먼저 실재하기 때문에 그 법칙을 찾아 나서는 과학의 탐구행위가 가능해진다는 것이다.

오로지 법칙의 세계만을 실재하는 세계로 보았고, 개별자들의 세계는 현상적일 뿐이며 실재의 그림자에 지나지 않는다는 생각이 굳어지게 되었다. 그래서 과학은 구체적이고 지각 가능한 개별자에서 출발하지만, 그 궁극은 추상적인 법칙의 발견을 목표로 하고 있다. 따라서 과학은 감각대상의 탐구학문이면서 동시에 가장 추상적인 형

이상학이기도 하다.

　이러한 서구과학과 나란히 철학은 2000여년 동안이나 실재론 논쟁을 해왔다. 그리고 실재의 세계와 현상의 세계를 엄격히 분리시켜 이원론의 철학적 구도가 자리잡게 되었다. 진리의 위상을 실재계에만 부여하여, 현상은 실재의 그림자일 뿐이라는 이원론적 구도는 객관과 주관, 나와 너, 법칙과 개체, 정신과 물질, 이성과 감성, 자연과 인간 나아가 하늘과 땅 등과 같이 모든 것을 엄격히 둘로 구획하는 이분법적 경계를 형성해 놓았던 것이다.

　이러한 이분법적 경계를 생산한 서구인은 근대 과학혁명을 낳았다. 근대 과학혁명의 철학적 배경이 되는 사람으로는 라이프니츠를 들 수 있다. 그리고 서구 근대철학의 문을 연 철학자라면 데카르트를 들 수 있는데, 라이프니츠는 그의 뒤를 이은 합리론의 철학자이자 과학자이다. 당시는 철학과 과학이 한 배를 타고 가는 지성의 모험이었다. 이러한 지성의 모험이 지향한 목표는 세계의 물질적 구성물을 수학으로 환산하여 사물의 실증적 근거를 마련하는 일이었다.

수학과 같은 형식과학이 천문학과 같은 경험과학의 진리근거라고 생각한 것이 바로 서구과학의 존재론적 배경이다. 쉽게 말해서 이 세계에 존재하는 모든 존재자들은 수학으로 환원될 수 있고 또한 환원되어야 한다는 것이다. 또 이와 같은 존재론적 배경은 뉴턴의 과학혁명이 잉태되는 결정적인 근거가 되기도 했다. 이런 세계관을 과학적으로 탐구하는 방법론을 일러서 환원론적 과학방법론이라고 말한다.

이 환원론적 방법론, 즉 "계량화할 수 있는 모든 것을 계량화하라" "계량화할 수 없는 것도 최대한 계량화하라"는 두 가지 명제는 근대 서구과학 정신의 정언명법이었다. 다시 말하지만 이러한 계량화의 정언명법은 근대 과학혁명의 결정적인 사상적 뿌리가 되었다.

그러나 우리의 자연세계는 원래 계량 가능한 것이라기보다는 계량 불가능한 것으로 되어 있기 때문에, 수학을 통한 환원의 정언명법을 수행하기 위해서는 사유의 혁명적인 전환이 요청되었다. 사실 자연 안에는 원이나 사각형처럼 수학으로 계량 가능한 기하학적 모델은 희귀하다. 오히려 자연은 정형의 틀이 없는, 그래서 계량할 수 없는 모습이 대부분이다. 냇가에 굴러가는 돌멩이를 계산할 수 없거니와, 떨어지는 나뭇잎을 계산할 수 없다. 인간의 시기심이나 욕망의 마음을 계산할 수 없거니와, 연인을 사랑하는 마음을 계산할 수 없다. 그래서 서구의 근대 초기 자연과학은 환원적 세계에 대한 확신이 흔들리기 시작했다. 그런데 이러한 난제를 풀어준 대사건이 일어났으니,

다름아니라 앞에서 언급한 라이프니츠의 미적분법의 발견이다.

라이프니츠의 미적분법은 계량 불가능한 자연적 대상을 계량화시키는 중요한 역사적 전환이 되었다고 이미 말했다. 예를 들어 나뭇잎의 면적을 계산한다고 치자. 사각형이나 원이 아닌 구불구불한 모양의 면적을 계산하기 위해서는 종전과 다른 방식의 계산법이 필요했다. 그것이 바로 미적분법이다. 새로운 계량화의 도구인 미적분법의 덕택으로, 이후에 서구 근대과학은 획기적으로 발전해 나가게 된다.

이렇게 미적분법은 계량화로 상징되는 자연관을 확립시켰지만, 그 대신 원래 연속적인 자연의 모습을 불연속의 기하학적 모델로 바꾸어놓음으로써 불연속의 미소 단위의 사각형과 사각형 사이의 연속적인 미소 자연을 배제해 버리는 부작용을 낳았다. 원래의 자연의 모습이 아닌 수학적 가상계가 탄생한 것이다. 문제는 이러한 수학적 가상계가 자연의 현실계를 대체하고 말았다는 데 있다. 그리고 이로부터 과학의 권력이 형성되기 시작한다.

결국 미적분법이란 대상을 분할하여 분석하고 다시 조립하여 대상을 원래대로 만들 수 있다는 신념에서 나온 것이다. 그러나 이러한 분할과 분석은 죽은 대상에 대해서는 혹시 가능할지 몰라도 살아 있는 대상에 대해서는 타당하지 않다. 살아 있다는 것은 인과율이 살아 있다는 뜻이다. 또 인과율이 살아 있다는 것은 수학 방정식처럼 주어진 변수값에 의해 결과치가 일방적으로 결정되는 것이 아니라, 변수값과 결과치가 동시적으로 서로에게 영향을 주는 관계임을 뜻한다.

그래서 상호작용 속의 살아 있는 존재의 인과율은 과학적 인과법칙에 포섭되지 않으며, 총체성으로 사물을 보는 전일론적 구조 안에서 해명되어야 한다. 이것은 고전과학의 미적분법과 대비되는 관점이다. 고전과학의 미적분법은 대상을 영원한 고정체로 본다는 전제가 깔려 있다. 이렇게 본다면 죽어버린 단순 인과율에 우리의 삶을 맡겨야만 하는 모순이 발생한다.

사물은 독자적인 존재도 아니며, 고정된 실체 또한 아니다. 그래서 대상을 나누는 순간 그 대상은 그 대상이 아닌 다른 대상일 수 있다. 결론적으로 고전과학의 미적분법은 그 나름대로의 유물론적 의미가 있지만, 그런 수학적 도구를 통해서 살아 있는 삶의 모든 흔적들을 설명한다는 것은 또 하나의 과학의 권력이 되고 만다.

미세한 카오스의 원인이 어떻게
커다란 결과를 낳을 수 있을까

　아프리카 밀림 한가운데 높이 솟아 있는 야자수 한 그루 옆에 나비 한 마리가 날고 있었다. 나비는 날갯짓을 할 수 있어서 날 수 있었고, 그 날갯짓이 일으키는 날개바람은 사람에게는 미미하기 짝이 없었지만, 바로 옆에 있던 작은 벌레 한 마리에게는 큰 힘의 바람이었다. 그 바람 때문에 나뭇잎에 붙어 있던 벌레가 떨어졌는데 하필이면 그 나뭇가지에 붙어 놀고 있던 원숭이 등에 떨어져 버렸다.

　그 원숭이는 등에 떨어진 벌레 때문에 등이 가려워서 긁다가 옆에 있던 썩은 가지 하나를 건드려 그 나뭇가지를 밑으로 떨어뜨렸다. 그런데 떨어진 장소가 하필이면 실개울이 흐르는 곳인데, 작은 나뭇가지들이 흐르지 못하고 서로 얽혀 뭉쳐 있던 작은 여울이었다. 나뭇가지가 떨어지는 힘 때문에 여울에 뭉쳐 있던 나뭇가지들이 한꺼번에 쏟아져 내리는 바람에, 실개울 작은 둔치에 있던 자갈들의 사태가 일어나 실개울의 물 흐름을 막아놓고 말았다.

그래도 물은 흐를 데를 찾다가 물꼬를 옆으로 틀어 실개울 옆에 있던 습지지역으로 흐름을 바꾸었다. 그 습지지역은 간헐천 지역으로, 작은 마그마 활동으로 인해 간헐적으로 뜨거운 증기가 용솟음치는 그런 곳이었다. 그런데 물꼬가 바뀐 개울물이 그 간헐공 위를 막아버려 뜨거운 마그마의 증기압과 차가운 실개울 물이 뒤섞여 땅 밑의 화산맥을 건드리는 바람에, 그 화산맥에 이어진 근처의 작은 휴화산의 화산맥을 그만 터트려버렸다. 설상가상으로 그 작은 화산맥은 아프리카 최고봉의 거대한 화산맥을 건드렸고, 이 때문에 근래에 보기 드문 화산 대폭발이 일어났다.

화산 대폭발로 엄청난 양의 마그마와 더불어 화산재가 인근지역을 뒤덮었다. 그리고 화산재는 지름이 800킬로미터에 이를 정도로 대기중에 퍼진데다, 아프리카 중서부를 관통하여 북서부로 진행하는 고온성 난류대기의 흐름을 유럽 북서부 한랭성 대기와 충돌하도록 유인하였다. 또 화산재는 다시 지중해 다습한 대기와 만나 유럽 전역에 금세기 최대의 태풍과 비를 뿌리는 재앙을 불러와 서유럽 전체에 200만 호의 가구침수와 400만 명의 이재민 등을 발생시키는 어마어마한 재난을 일으켰다.

이 이야기는 물론 가상의 재난 이야기다. 그러면 유럽에서 발생한 이 재난의 사건을 거꾸로 되짚어보자. 과연 이 재난의 원인은 어디에 있을까? 이런 사태를 일으킨 최초의 원인을 아프리카 밀림 속의 작은 나비 한 마리에 있다고 볼 수 있을까? 황당한 이야기이기는 하지만 그렇다고 해서 그 나비 한 마리와 유럽 전지역에 일어난 기후재앙 사이에 아무런 인과성이 없다고 말할 수 있을까?

작은 원인이 광대한 결과를 낳을 수 있다는 나비효과의 상징

　이 사태에 대한 이같은 질문을 두고 우리는 과학적 인과율이라는 것이 얼마나 작은 범위 안에서만 다루어져 왔는가를 느낄 수 있다. 서구의 고전 뉴턴 과학은 인과율의 범위를 현시적인 두 사건 혹은 두 사태 사이에서 벌어지는 원인과 결과로만 한정지었다. 그래서 그런 과학적 인과율로는 작은 나비 한 마리와 유럽의 재앙 사이에는 어떤 인과관계가 성립된다고 볼 수 없었다. 그러나 이런 인과율로는 자연의 현상을 충분히 설명할 수 없다. 그래서 나온 설명방식이 바로 카오스 이론이다.

　60년대에 나온 카오스 이론은 모든 자연현상 이면에 숨겨진 복잡한 인과율의 존재를 인정하고, 인과의 끈이 ① 길고 ② 복잡하며 ③ 우회적이며 ④ 숨겨져 드러나 있지 않음을 기술하고자 했다. 이 카오스 이론을 일반인들에게 쉽게 설명하기 위하여, 기상학자인 로렌츠 (N. Lorenz)가 만든 이야기가 바로 앞의 나비 이야기이며, 그런 복잡한 인과율을 우리는 보통 나비효과(butterfly effect)라고 부른다.

카오스 이론에서 말하는 나비효과는 결국 자연의 현상들은 어떤 방식으로든 서로 연계되어 있다는 것을 함축하고 있다. 한마디로 인과율은 고전적 범주 안에 제한될 필요가 없다는 것이다. 나비효과 이야기에서 나타나는 이런 인과율을 먼 인과율 혹은 중층적 인과율이라고 말할 수 있다. 이 카오스 이론의 궁극적인 의도는 결정론적 카오스를 말하고자 하는 데 있다. 즉 겉보기에 무질서한 현상들도 알고 보면 숨겨진 결정론적 질서계의 양상이라는 것이다.

원인과 결과의 1대 1 대응이 안 되는 현상을 우리는 우연 혹은 통계적이라고 표현한다. 그러나 이 경우에도 최소한 원리적으로는 정확한 예측이 가능하다는 것을 의심치 않는 사람들이 많다. 원인과 결과의 관계를 찾는 것은 자연과학의 최대 임무이다. 즉 대상체계에 대한 충분한 정보를 수집하고 적절하게 분석할 수만 있다면 결정론의 근거를 마련할 수 있다고 보는 것이다. 단지 부족한 정보 혹은 부분의 체계 속에서 보기 때문에, 그 결정론적 체계가 마치 우연이나 확률적 운동인 듯 보인다는 것이다. 이러한 우연적 행태를 바로 결정론적 카오스라고 부르며 넓게는 복잡계라고 부른다.

복잡계

복잡계를 설명하기 위하여 일상적인 살림 이야기 하나를 해보겠다. 집에서 밀가루 음식을 만들 때면 반죽해 놓은 밀가루를 가지고 아이들과 함께 반죽놀이를 하곤 한다. 아이들 엄마는 일하는 데 방해만 된다고 하지만, 그래도 아이들이 너무 좋아해서 아예 반죽 한움큼을 놀이용으로 떼어주고 만다. 우선 반죽이 잘되려면 치대기를 잘해야 하는데, 손으로 대충 밀가루덩어리를 누른 다음에 그 덩어리를 다시 중간쯤에서 한번 겹치게(주름지게) 휙 접는다. 그리고 다시 밀기도 하지만 대개는 두세 번을 계속 접어 두툼해진 것을 얇게 눌러 펼치다가 또다시 꺾어서(주름잡아) 접어버린다.

깨반죽을 하기도 하는데, 밀가루 반죽덩어리에 깨를 넣어 다시 접고 밀어서 펼치고 다시 꺾고(주름잡고) 접는 일을 반복하다 보면 반죽덩어리에 깨가 어떤 때는 골고루, 어떤 때는 뒤죽박죽 퍼진다. 접혀 꺾여지는(주름지는) 부분도 일정치 않아서 깨가 어디로 분산될지 전혀 예측을 할 수 없다. 하지만 처음 깨를 쏟았을 때 반죽 밀기를 한쪽 방향으로만 한다면 깨의 분포도를 예측할 수 있을 것이다. 이런 반죽을 이른바 *단순한* 반죽 밀기라고 할 수 있다. 반면에 꺾는 작업을 하는 순간에 이 반죽은 깨의 분포를 예측할 수 없는 *복잡한* 반죽이 되어버린다. *복잡한* 반죽은 아무리 반죽과정을 거꾸로 해도 원래의 깨 분포상태로 회복될 수 없다. 이런 상태의 반죽을 이른바 복잡화된(complicated) 반죽이라고도 할 수 있다. 복잡성(complex)의 어원도 원래는 'con plicare'로서 서로 겹쳐 접는다는 뜻이다.

이렇게 반죽된 밀가루는 우리 자연모습의 은유이기도 하다. 그래서 자연은 원이나 삼각형, 사각형 같은 일정한 기하학적 형상을 가지기보다는 이리 휘고 저리 구부러졌지만 나름대로 질서를 가진 그런 다양성의 모습들 천지이다. 따라서 우리의 자연은 기하학의 틀 속에 고정시킬 수 없다. 다시 말해서 자연은 접혀지고 다시 접혀져 복잡하기 이를 데 없는 그런 모습들로 이루어져 있는 것이다.

하지만 복잡하게 접혀진 자연의 속을 들여다보기 위하여 다시 펼쳐본다 해도 원래의 자연의 모습은 간데없고 틀 속에 가두어진 아주 작은 부분만 보게 될 따름이다. 그나마 펼칠 수 있는 자연의 부분들은 자연의 가장자리에 불과하다. 이러한 자연의 가장자리를 보고 전체를 말하기도 하는데, 이를 우리는 과학법칙이라고 지칭한다.

자연의 가장자리를 말하는 과학법칙은 자연계의 8~10% 정도를 기호화한 결과라고 한다. 어떤 카오스 이론가는 1%도 안 된다고 주장한다. 인간이 그 주름을 편다 해도 맨 끝부분만 겨우 펼 수 있어서, 그 끝부분을 가지고서 인간의 기호를 붙이고 인간의 의미를 갖다댈 뿐인 것이다. 아직 펼쳐지지 않은 자연의 저 안쪽 부분을 우리는 여전히 알 수 없다.

그러나 자연이 접혀지면서 자연의 운동원리 자체가 구겨지는 것은 아니다. 자연이 접혀지면서 자연의 인과율도 같이 없어지는 것은 아니라는 말이다. 우리가 자연의 인과율을 다 알 수 없는 이유는 지금까지 줄곧 접혀진 자연의 끝만 보고 있기 때문이며, 자연이 접히면서 자연의 현상은 인간의 알량한 인식의 범위를 넘어서 버리기 때문이다. 자연의 접혀짐 때문에 우리는 연속적인 자연의 인과현상을 마치 급격한 혹은 불연속적인 혹은 우연적인 비인과율인 양 보기 십상이다.

이러한 인간의 인식관성 때문에 우리는 질서와 무질서를 완전히 다른 것이라고 여긴다. 그러나 복잡계에 관한 결정론적 카오스 이론은 이 두 개념의 차이를 모호하게 만든다. 그렇기 때문에 우리는 결정론적 카오스 이론이 조망하는 복잡계의 세계상을 통해서 자연을 새롭고도 아주 다르게 이해할 수 있다.

흔히 우연과 필연은 상호 조화될 수 없는 대립물로 간주되었으나 카오스 이론에서는 그렇지 않다. 무질서의 현상이 질서적 구조를 갖는다고 말하는 것은 마치 모순인 것처럼 들릴 수 있다. 그러나 결정적인 것과 혼돈적인 것은 겉으로 보기에만 모순적이라는 것이 카오스 이론의 기본 명제이며 복잡계 이론의 핵심이다.

과거 고전과학은 이러한 복잡계를 과학탐구의 영역에서 배제하였다. 그래서 바람과 구름 그리고 물이 흘러가는 모습은 과학의 대상이 아니라 시인의 마음 안에서만 그 가치를 인정받아 왔다. 그러나 유체역학이 발전하고 카오스 이론이 등장하면서, 복잡성의 과학은 일반인 사이에서도 큰 관심의 대상이 되었다.

복잡성의 모형은 다음의 네 가지 요인을 함의한다. 첫째, 복잡현상의 과정은 서서히 연속적으로 변화하지 않고 누적되다가 갑자기 나타난다. 둘째, 복잡계는 아주 많은 수의 자유도를 지닌다. 셋째, 복잡계는 고전물리학이 다루는 닫힌 계가 아니라 생명계가 열린 계이듯이 그런 열린 계이다. 넷째, 좀 어려운 개념이기는 하지만 비선형계이다. 그리고 환원주의나 분석적 방법론으로 접근할 수 없고, 전일적 유형을 지닌다.

복잡계 및 카오스의 이같은 조건은 물리학뿐 아니라 철학에서도 가장 중요한 인식론의 문제이다. 우리가 아는 것의 범위는 어디까지인가? 우리가 도대체 무엇을 안다고 하는 것인가? 우리가 알고 있는 것이 진실로 알고 있는 것인가? 이와 같은 철학적 물음은 철학이 2500년의 역사를 이어오면서 줄곧 제기되었다. 하지만 과학에서는 묻지 못했던 물음들이다. 그러나 이제는 하나씩 카오스라는 이름의 과학에서도 다루게 되었다.

마찬가지로 철학은 형이상학이라는 이름 아래 존재에 대하여 거리낌없이 물음을 던져왔지만, 과학은 기껏해야 인식의 문제만 다루어왔을 뿐이다. 그러나 카오스 이론은 비록 존재에 관하여 직접 묻는 것은 아니지만, 기존의 인식 테두리를 붕괴시키고 나온 것임에는 틀림없다. 그리하여 카오스 이론을 통해서 과학과 철학이 하나의 문제를 다루는 공동의 장이 마련될 수도 있다.

해가 저무는 황혼은 여기서 볼 때 황혼이지만 서쪽으로 가면 아직 타오르는 붉은 태양이 있는 한낮이다. 황혼을 보고 우리는 머지않아 어두운 밤으로 잠겨드는 저녁의 끝이라고 하지만, 더 먼 저기 서쪽에서는 처음일 수 있다. 저녁은 연속적인 해의 운동과정이지만, 여기서 볼 때 저녁은 급변한 끝으로 보일 뿐이다. 그러나 저기 서쪽에서는 끝이 아니기 때문에 진정한 파국은 아니다. 파국은 없지만 이쪽 인간에게는 마치 파국인 것처럼 보이는 것이다. 그래서 저녁과 한낮은 서로 다른 것으로 알지만, 실상은 한낮과 저녁은 주름잡혀 접혀진, 그리하여 그 안에서 무슨 일이 일어나는지 모르는 태양운동의 두 가지 측면일 뿐이다.

3

생명에 대한 인간학적 질문

유전자가 인간의
모든 것을 결정할 수 있을까

검형 적혈구 빈혈증, 단순형질 유전의 환상,
유전자 결정론, 게놈 프로젝트, 유전자 지도

검형 적혈구 빈혈증이라 부르는 질병이 있다. 일종의 유전병인데, 중앙아프리카 원주민들 사이에서 자주 발병한다. 검형 적혈구 빈혈증은 유전자 혈액단백질의 돌연변이로 생기는 것으로 알려져 있는데, 이 돌연변이 염색체가 혈액에서 산소를 날라다 주는 헤모글로빈의 능력을 감소시킴으로써 세포조직에 산소공급이 제대로 안 되어 심한 빈혈증세를 일으킨다.

특히 어린이에게 발병했을 경우에는 뇌에 산소공급이 원활하게 이루어지지 못해서 치명적인 뇌졸중에 걸리는가 하면, 살아남아 어른이 된다 해도 심장병이나 성장저해 현상을 보이는 등 인체의 손상이 매우 큰 유전병이다.

이 유전병의 원인으로는 특정한 단일 유전자의 변형을 꼽을 수 있는데, 이렇게 특정 유전자 하나가 특정 형질을 유발하는 유전현상을 '단순형질의 유전'이라고 부른다. 다시 말해 단순형질의 유전이란 한

유전자가 하나의 단백질을 발현시키고, 그 단백질은 한 가지 특정 형
질을 발현시키는 경우를 일컫는다.

여기서 단순형질의 유전을 굳이 이야기하는 이유는, 요즈음 들어
인간게놈 프로젝트의 연구결과가 언론매체의 요란한 뉴스거리가 되
면서 어떤 형질이나 질병의 원인이 특정의 단일 유전자에 있을 것이
라고 말하는 뜬구름 잡는 생명공학기술의 환상을 비롯하여 과학적
신화의 뒷모습을 적나라하게 펼쳐 보이기 위해서이다.

앞에서도 이야기했듯이 특정 단일 유전자가 특정 형질이나 질병
을 유발한다는 생각은 한마디로 유전자 결정론이라고 할 수 있다. 쉽
게 말해서 최근의 인간게놈 프로젝트에 대한 환상은 우리로 하여금
유전자 결정론을 너무 안이하게 받아들이게 하고 있다. 예를 들어 노
쇠나 비만 혹은 아이큐라든가 심장병 등의 특정 형질을 유발하거나
조절하는 특정 유전자가 존재해서, 그 특정 유전자의 DNA구조의 암
호만 밝힐 수 있다면 인간생명의 모든 비밀을 파헤칠 수 있다는 식이
다. 이처럼 인간의 과학기술이 특정 형질을 마음대로 조절할 수 있다
는 환상이 바로 유전자 결정론이다.

물론 이미 40년 전에 발견한 겸형 적혈구 빈혈증은 그 유전 메커
니즘이 매우 간단한 '단순형질의 유전'의 한 가지 임상사례로서, 일종
의 유전자 결정론의 실례가 될 수 있다. 그러나 이와 같은 사례는
인간의 전체 형질 가운데 극히 일부분에 지나지 않는다. 게다가 겸형
적혈구 빈혈증조차도 사실은 그렇게 간단히 유전자 결정론의 한 사
례로 치부해 버리기 어렵다.

겸형 적혈구 빈혈증이 주로 발병하는 중앙아프리카는 원래 말라
리아가 창궐하는 지역이다. 아직도 전세계적으로 해마다 약 2억~3

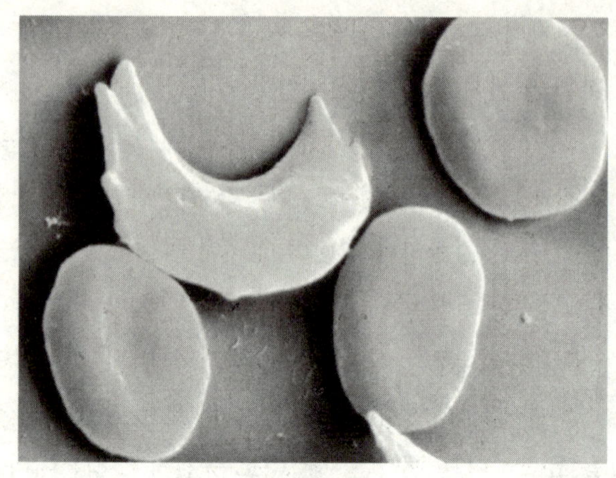

검형(낫 모양) 적혈구
와 정상 적혈구

억 명의 말라리아 환자가 발생하고 있으며 이 가운데 100만 명 이상
이 죽음에 이를 만큼, 말라리아는 무서운 질병이다. 그런데 어떤 이
유에서인지는 모르지만, 검형 적혈구 유전체를 지닌 사람들은 말라
리아 병원충에 대해서는 저항력이 강해 말라리아에 걸리지 않는다.

　사람의 특정 유전형질은 아버지의 유전체와 어머니의 유전체를
반반씩 나눠 가지고 있는데, 그 각각의 유전체 모두가 검형 적혈구
유전체일 경우에만 빈혈증 유전병이 발병한다. 한쪽만 검형 적혈구
인 경우에는 빈혈증이 발병하지 않으며 또한 예방접종 없이도 그 무
서운 말라리아에 걸리지 않게 된다. 참으로 자연의 신비로운 조화가
아닐 수 없다. 아프리카의 거센 풍토병도 견뎌낼 수 있을 만큼, 자연
환경과의 자연스러운 조화는 결코 현대 생명공학의 신화인 유전자
결정론으로도 설명하기 어렵다.

　순전히 과학이론으로만 따져 검형 적혈구 빈혈증을 일으키는 유
전체를 가진 사람들이 강한 질병증세 때문에 빨리 사망하게 된다면,

114

이론적으로는 그런 유전체를 가진 환자는 줄어들고 따라서 시간이 흐름에 따라 그 질병은 사라지게 될 것이라고 추정할 수 있다. 그러나 검형 적혈구 빈혈증이 사라진다면 아마도 말라리아 질병은 더 극성을 부리게 될 것이고 끝내는 빈혈증이 아니라 말라리아 때문에 아프리카 원주민들은 다 죽어 없어지거나 아니면 아프리카는 사람이 살 수 없게 될지도 모를 일이다.

그러나 아프리카는 살아 있다. 그리고 앞으로도 잘 살아갈 수 있는 땅이 될 것이다. 유전자는 그렇게 결정론적이고 기계적인 단순한 메커니즘에 속박되는 것이 아니기 때문이다.

단순형질의 유전이라 할 수 있는 검형 적혈구 빈혈증이 이럴진대 노쇠현상이나 유전질병 같은 대부분 형질을 나타내는 복합유전체들은 유전체끼리의 내부적인 상호작용의 결과이며, 유전체와 외부환경의 섭동작용의 결과로서 표현형질이 드러난다. 더욱이 이런 내적인 상호작용과 외적인 섭동작용의 결과는 그렇게 단순하게 1대 1식의 과학적 인과작용으로 설명할 수 없다. 바라건대 요즘의 게놈 프로젝트와 관련된 생명공학은 모든 유전자 암호를 다 풀 수 있다는 유전자 결정론에 근거한 기술만능주의의 환상에서 빨리 벗어나야 한다.

최근에 유전자 지도가 발표되면서 유전자 결정론이 재현되고 있는 작금의 사태 역시 심각하게 반성해야 한다. 유전자의 수가 얼마나 되는가를 둘러싸고 갖가지 견해가 있었지만, 최종적으로 2002년에 발표된 바에 따르면 약 3만~4만 개라고 한다. 2000년에 발표된 유전자 수가 10만 개였으니, 불과 2년 만에 그 숫자가 반 이하로 뚝 떨어진 것이다.

30억 개 이상의 염기서열이 생명체의 특정한 표현형질을 나타내는 구성체를 유전자라고 부른다. 이런 유전자가 지니는 의미는 모든 유전자가 각각 생명현상의 특정 부위에 1대 1 대응한다는 생각이다. 예를 들면 혈액암이나 간질 혹은 천식을 일으키는 생물학적 요인은 특정 유전자의 고유한 성질에서 비롯된다고 여긴다. 이미 여러 번 이야기했지만 이런 생각을 유전자 결정론이라고 부른다.

유전자 연구는 유전자 결정론을 빼놓고는 불가능하다고 보아도 좋다. 그런데 2년여의 짧은 시간차를 두고 발표된, 10만 개와 3만~4만 개라는 유전자 수의 차이는 유전자 결정론의 사고를 혼란에 빠뜨리고 말았다.

우선 3만~4만 개라는 인간 유전자의 수가 쥐의 유전자 숫자보다 불과 7천 개 정도밖에 많지 않다는 점이 충격으로 다가왔다. 인간의 존엄성을 강조하던 사람들에게는 너무나 치명적인 연구결과였다.

그러나 진짜 문제는, 인간 생명현상의 다양성과 복잡성을 설명하기에는 이 정도의 숫자는 너무 적다는 점이다. 3만여 개의 유전자들은 23쌍의 DNA구조로 된 염색체로 안착되어 있다. 예를 들어 개체 생명체를 한 권의 책에 비유할 때, 그 책은 고유한 염색체의 소제목을 가진 23개의 장으로 되어 있고, 각 장은 서로 다른 수천 가지의 유전자라는 이야기로 구성되어 있다고 보면 된다.

유전자 결정론을 숭배하는 사람들은 5번 염색체 가운데 특정 유전자가 천식을 유발하는 유전자의 이야기를 담고 있으며, 또 어떤 유전자는 눈의 색깔, 또 어떤 유전자는 머리카락의 성질, 11번 염색체 중 어떤 유전자는 혈액암 유발인자라는 식으로 1대 1 대응이 되는 유전자의 인과법칙이 설명되기를 희망했지만, 이를 다 설명하는 데 있어서 3만여 개의 유전자는 어림도 없는 숫자이다.

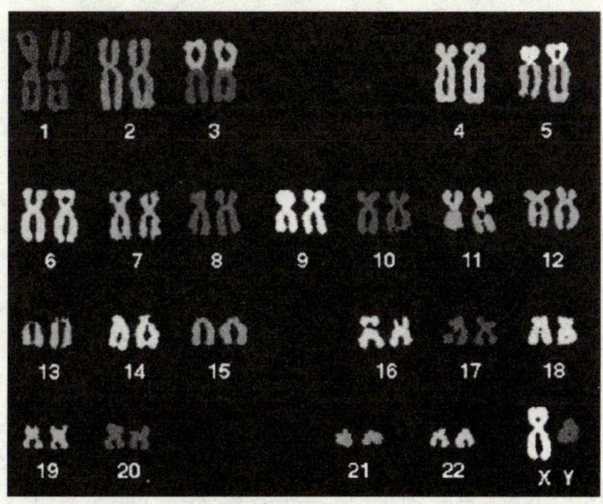

  실제로 1998년 중반에 천식 유발인자로 5번 염색체에 8개의 후보가 있고 6, 12번에도 천식 유전자의 후보가 2개씩 그리고 11, 13, 14번 염색체에서도 그 후보가 발견되었다. 그리고 과학탐구가 진전됨에 따라 앞으로 또 어떻게 바뀔지 모를 일이다. 유전자 차원에서도 특정 유전자가 질병 등의 특정 생리학적 현상에 대한 충분조건이 아니라 단지 필요조건일 뿐이라는 사실이 밝혀지기에 이르렀다.

  결국 유전자 결정론을 따르던 과학자들도 유전자공학의 과학탐구가 발전하면 할수록 오히려 결정론적인 1대 1 대응이론이 무참히 붕괴되어 간다는 사실을 인정할 수밖에 없었다.

  그럼에도 불구하고 여전히 매스컴에서는 간암 등을 유발하는 유전자를 발견하면 간암이 완전히 극복될 수 있다는 식으로 이야기를 하여 장밋빛 희망만 던져주고 있다. 어떤 유전자는 분명히 특정한 생명현상과 연관되어 있기는 하지만 그 연관방식이 단순히 1대 1 대응하거나 직접적인 인과율에 의해 설명되는 것은 아니다. 이 경우 연관 방식은 매우 복잡한 조합구조를 지닌 유전정보의 네트워크를 이루고 있어서 현재의 과학수준으로는 일의(一意)적인 해석이 불가능하다.

유전자의 특성은 단순히 물리학적인 소립자와 같은 실체가 아니라는 점을 인정하는 것이 매우 중요하다. 생명체의 유전자는 그 생명체가 살아 있는 시간의 실체적인 원인제공자일 뿐 아니라, 35억년이라는 과거의 진화론적 시간을 모두 머금고 있는 역사적 존재이다. 모든 시간을 관통하고 있는 역사존재로서의 유전자는 단순히 살아 있는 지금의 현재성에 국한된 현상적인 인과율 법칙에 절대로 묶여 있지 않다. 생명체가 먼저 있었고 유전자는 그 생명체를 역사에 남기기 위해 만들어진 부대조건일 뿐이다.

다시 말해서 생명현상이 먼저이고 유전자가 나중이라는 것이다. 유전자 지도를 찾아내어 모든 유전자의 인과적 대응현상을 전부 찾아낼 수 있다는 생각은 생명체가 기나긴 생명의 역사를 거치면서 환경과의 섭동을 통해 ① 자신을 바꾸고 ② 자신을 새로 만들고 ③ 자신이 없어지기도 하고 ④ 자신이 전혀 다른 것으로 되기도 하는 진화의 과정을 무시한 결과이다.

유전자 연구의 진전은 생명 유전자에 대하여 혹은 우주의 모든 것에 대하여, 궁극적인 세계의 모습은 모든 것이 결정되고 고정된 실체가 아니라 언제든지 변할 수 있는 과정이라는 매우 중요한 세계관을 제시하고 있다. 이런 생명의 모습을 잘 관찰한다면 아마도 존재의 비어 있음을 어깨너머로도 깨달을 수 있을 것이다.

인간이 과연 만물의 척도일까

　지구상의 생명의 흐름은 35억년이라는 시간에 걸쳐 자연의 책을 써왔다. 이 자연의 책은 최초의 아미노산 유기성분의 성립에서부터 영장류의 최고라고 하는 오늘날의 인간종에 이르기까지 기나긴 생명의 역사를 담고 있다. 이렇듯 생명의 역사 속에서 개별 생명체는 나름대로 환경에 대한 관계와 섭동을 거치면서 불확실한 미래를 향해 어디로 흘러갈지 모르며 표류하는 존재였다. 표류하는 가운데서 삼엽충과 같은 생명종은 2억년 전에 이미 진화의 역사 너머로 사라져버렸지만, 아메바나 도마뱀 같은 생명종은 끈질긴 관계와 섭동의 역사를 이어왔다.

　그렇게 진화의 표류는 지금도 진행중이다. 여전히 방향과 끝을 모른 채 생명의 진화는 표류하고 있다. 이와 같은 시간의 진행 속에서 오늘날 남아 있는 생명종들은 식물과 동물로 갈라졌고, 양서류나 포유류 등으로 갈라져 진화의 현재형을 서로 달리하고 있다.

　그런데 어떤 이들은 이런 결과를 두고 식물은 동물보다 진화적으로 우월하고, 포유류는 양서류보다 우월하다고 너무 쉽게 이야기한다. 이런 생명종의 우위비교는 인간종의 아주 못된 습관 가운데 하나이다. 인간인 나만이 진화적으로 가장 우월한 영장류 중의 영장류이니 내 마음대로 해도 괜찮다는 심보와 같다. 인간의 이런 못된 심보는 실로 생명진화에 대한 잘못된 인식에서 비롯되었다.

사람들은 생명종들을 비교하면서 은연중에 인간사에서 나타나는 다툼과 뽐냄을 그대로 생명의 역사에 투영하려고 한다. 그래서 사람들은 생명의 진화에서도 생명종들을 더 잘 적응한 것과 덜 적응한 것으로 분류함으로써, 인간종은 스스로 가장 적응도 잘하고 뛰어난 존재로 생각하고 싶어한다. 그러나 생명종의 역사는 그 어느 것도 다른 것보다 더 혹은 덜 적응된 것이 없음을 말해 준다. 그냥 모든 생명종들은 다 잘 적응한 결과일 뿐이다.

예를 들어 개구리는 차가운 온도변화에 적응을 못했기 때문에 겨울잠을 자는 것이 아니라, 최소의 에너지로 생명을 유지하기 위한 방편으로서 겨울잠을 선택하여 최적화의 적응을 이루어낸 것이다. 겨울철새들은 추위를 극복하기 위한 방편으로 남쪽을 향해 3천 킬로미터 이상을 비행한다. 이처럼 철새는 따뜻한 날씨를 찾아 옮겨갈 수 있는 탁월한 비행능력과 방향감각이라는 고도의 적응력을 갖추게 되었다. 펭귄과 물표범은 두터운 피하지방층을 가짐으로써 매서운 추위에 적응하게 되었다. 그리고 생명종의 하나인 인간은 인위적으로 옷과 불을 만들어서 겨울 추위에 적응할 수 있게 되었다.

우리가 잘못 알고 있는 생물분류학의 하나는 계통발생학에 관한 것이다. 계통발생학에 따르면, 35억년 진화의 시간 동안 최초 유기체 성분이 모여서 단세포 원핵 생명체를 만들고 이것이 진화하여 진균

류로, 이어서 수생동물로 이어지고 수생동물은 양서류로 진화하다가 파충류로 이어지고 파충류에서 시조새나 혹은 그후에 포유류로 되었다가 영장류로 진화하고, 그리고 나서는 최종적으로 인간종이 성립되었다는 것이다.

이런 설명은 진화의 가지가 단 하나뿐이라는 가설 위에서만 성립한다. 그리고 이런 생각 때문에 인간의 지위가 최고라는 생물학적 제국주의의 오만을 떨쳐버리지 못하고 있다.

그러나 진화의 나무에는 가지가 단 하나만 있는 것이 아니다. 나무가 많은 가지를 뻗고, 그 가지가 다시 작은 가지로 무수히 뻗어나가듯이, 진화의 나무 역시 수많은 가지를 내면서 오늘에 이르렀다. 그래서 현존하는 각각의 생명종들은 모두 진화의 과정이 아니라 진화의 완성된 결과이다.

예를 하나 들어보자. 민둥산 산꼭대기에서 물방울을 계속 떨어뜨린다고 하자. 그러면 꼭대기의 물방울들은 처음에 같이 흐르다가 금세 나뉘어 길을 달리한다. 순전히 우연적인 방식으로 물방울들의 흐름은 계속 갈래를 치고 다시 갈래를 치다가 마지막 바닥에 와서 갈래치기가 끝날 것이다. 그러면 최초의 물길은 하나로 시작했지만 최종의 물길이 닿은 도착지는 매우 많아진다.

물방울의 이러한 갈래치기 흐름이 바로 물의 표류이다. 이를 생명진화에 비유한다면, 물길의 다양한 갈래치기 분화현상이 바로 진화의 표류이며, 그 결과는 새로운 생명종의 탄생이다. 그리고 오늘에 이른 도착지는 바로 현존하는 생명종들의 현주소이다.

그래서 오늘이라고 하는 진화의 도착지에 도달한 현존하는 모든 생명종이나 생명개체들은 누가 더 우월하다 혹은 저급하다고 말할

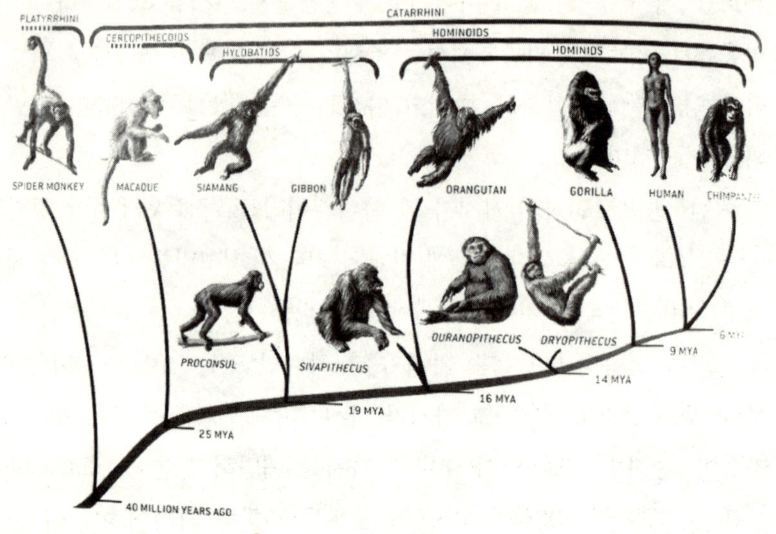

인간은 특수 별종이 아니라 진화의 역사에서 침팬지와 더 가깝다는 호미니드의 진화나무

수 없다. 그들은 모두 자연의 험한 환경 속에서 똑같이 진화의 적응과 선택의 과정을 거쳐왔기 때문이다. 그럼에도 불구하고 우리는 인간만이 생명종의 중심이라는 인간 중심주의에 빠져 있다.

오늘날 인류뿐 아니라 지구 전체를 위기에 빠뜨리고 있는 환경위기는 결정적으로 인간 중심적인 인간 이기주의에서 비롯되었으며, 이는 곧 인간을 제외한 다른 생명에 대한 천시에서 시작되었다. 무수히 많은 생명개체들이 어떻게 진화해 왔는가 하는 지금까지의 이야기를 마음에 잘 새기기만 해도 아마 인류가 안고 있는 위기를 벗어날 수도 있을 것이다.

모든 생명은 평등하다. 인간종 역시 생명종의 하나라는 뜻이다.

122

인간은 생명체 진화의 최종적인 필연의 결과라는 오만에서 벗어나는 것이 결국 인간이 자연의 전체 생명계와 더불어 잘살 수 있는 길임을 인식하는 일이 매우 중요하다. 이런 점에서 진화의 필연과 우연의 문제를 다음의 한 이야기를 통해 살펴보도록 하자.

산탄총으로 새를 쏘는 경우, 새를 맞히려는 총의 발사행위는 분명한 목적을 가진 행위이다. 그러나 산탄총이 발사된 후 총구에서 벗어난 산탄들(많은 총알들)이 새를 향해 날아갈 때 그 많은 산탄총알 중에서 어느 총알이 새를 맞힐지는 전적으로 우연에 속한다. 이 이야기는 목적과 관계없는 우연과 목적에 부합하는 필연이 서로 상충되기보다는 조화될 수 있음을 보여주는 하나의 은유이다. 우연과 필연의 이같은 연결성은 특히 생물의 진화과정에서 잘 드러난다.

하늘을 나는 새의 뼛속이 성글게 된 진화과정은 진화의 먼 과거 역사에서 한 육상생명체가 하늘을 날게 되는 단편만을 볼 때는 우연에 속한다. 그러나 새가 하늘을 날기 위해서는 반드시 뼈가 가벼워야 한다는 생리학적 조건을 충족시킨다는 점에서는 이 진화과정은 필연에 속한다.

진화는 특정한 목적을 향하여 나아가는 것이 아니다. 그래서 생명체의 미래가 어떤 필연적인 진화를 가져다줄지 도무지 알 수 없다. 진화과정에 놓여 있는 생명체는 강 위를 떠다니는 길 잃은 바구니와 같다. 그렇다고 해서 하늘을 나는 새 가운데 몸무게가 3톤이나 되는 새가 진화해 존재하리라고는 도저히 상상할 수 없다. 그래서 생명체의 진화는 목적을 가진 것은 아니지만, 아무 우연이나 행사되는 것은 절대 불가능하다.

1859년에 불과 1250부 발간된 다윈의 『(자연도태에 의한) 종의

생명체의 진화는 목적성을 띠지는 않지만, 자연의 상식을 벗어난 진화는 불가능함을 보여주는 그림

기원』은 유럽의 지적 풍토를 완전히 바꾸어놓는 계기가 되었다. 다윈의 진화론은 단순히 생물학적 혁명에 그친 것이 아니라, 플라톤 사상과 기독교적 세계관의 토대 위에 서 있던 유럽의 사유에 혁명적 전환을 가져왔다. 다윈 이전의 서구 인간관은 기본적으로 기독교적 인간관으로서, 인간은 신을 모방한 존재라 하여 여느 동식물과 달리 매우 특수한 지위를 보장받고 있었다. 이처럼 기독교적 인간관은 목적론적 세계관을 가진 데 비해, 진화론의 인간관은 인간이 많은 생명체 가운데 하나일 뿐이라는 무중심의 태도를 지니고 있다.

인간의 유전자는 침팬지의 유전자와 비교할 때 98%가 같고 나머지 2%만 다를 뿐이다. 인간은 이성을 가지고 있으므로 최고의 영장

124

류라는 둥 다른 생명체와 비교조차 할 수 없는 특수한 존재라고 말한다. 그러나 박쥐는 초음파를 탐지할 수 있다는 점에서 매우 특수한 지위를 가지며, 낙타는 장기간 물을 섭취하지 않고도 사막을 이동할 수 있는 특수한 생명체이며, 박테리아 역시 면역적 외부환경을 극복하는 강한 증식력을 가진 특수한 존재이다.

노벨상을 수상한 프랑스의 화학자 자크 모노(Jacques Monod)는 인간을 일컬어 "우주 한 모퉁이를 떠도는 집시"라고 표현했다. 결국 인간은 무수히 많은 생명종 가운데 하나일 따름이다. 인간이 생물학적 제국주의 왕국의 제왕이라는 생각에서 과감히 벗어나야 한다.

그렇다고 해서 인간의 지위가 보잘것없다는 것은 아니다. 모든 생명종, 모든 생명개체 하나하나가 나름대로의 존재이유와 존재의 특수성을 지닌다는 뜻이다.

인간 유전자의 2%만이 침팬지의 것과 다르고, 진짜 하등이라고 생각한 초파리의 유전자 숫자도 인간 유전자 수의 1/3 정도나 된다는 의미를 다른 각도에서 생각해 볼 수 있다. 즉 인간과 침팬지의 생물학적 차이가 엄청남에도 불구하고 그 차이가 2% 정도에 불과하다면, 그 나머지 인간과 침팬지가 공유하는 98%라는 생명체 일반의 신비로움은 더욱더 엄청날 것이라는 사실이다.

조그마한 초파리의 유전자 수가 인간 유전자의 1/3 정도라면 그 30%가 품고 있는 생명의 비밀은 어마어마한 보고(寶庫)임에 분명하다. 이것이 의미하는 바는, 인간만이 지니는 특수한 지위를 따지기 전에 인간과 초파리를 포함한 모든 생명체 일반이 지닌 신비로운 생명성 자체를 생각해야 한다는 것이다. 바로 이러한 생각이 최근 발표된 게놈 프로젝트의 진정한 의미로서 되새겨져야 한다.

다윈 이전에는 인간만이 생명체의 목적이 되어야 한다고 보았다. 그러나 다윈의 진화론은 이런 목적론적 사유를 정면에서 붕괴시켰다. 그래서 필연적인 방향을 인정할 수 없었으며 우연의 역사를 '자연선택'(natural selection)이라는 키워드로 표현하였다. 그러나 자연선택은 앞서 말했듯이 우연으로 나타나는 일종의 필연이기도 하다.

우연으로 나타나는 필연의 세계를 삶의 전체성과 연관지어 비유할 수 있다. 생명과 생명은 서로 아무 관계가 없는 듯이 보이지만, 사실 상호 연관된 생태학적 관계망이 가로놓여 있다. 무릇 생명체는 모두 다 서로가 서로에게 의존하고 있기 때문에, 어떤 것이 다른 것보다 우월하거나 열등한 것이 하나도 없는 평등한 존재들이다. 서로가 평등한 지위를 누리면서 그 사이에서 서로의 존재의미를 서로에게 부여하는 관계인 것이다.

이제 우리는 진화론에는 경쟁과 약육강식의 논리에만 국한되지 않는 다른 측면이 있다는 것을 알게 되었다. 따라서 진화론의 생명과학을 오히려 인간의 겸허한 자세를 요청하는 새로운 과학으로 발전시켜야 할 것이다.

현대 유전공학은 혹시 과거 우생학과
유전학적 성차별을 재연하지 않을까

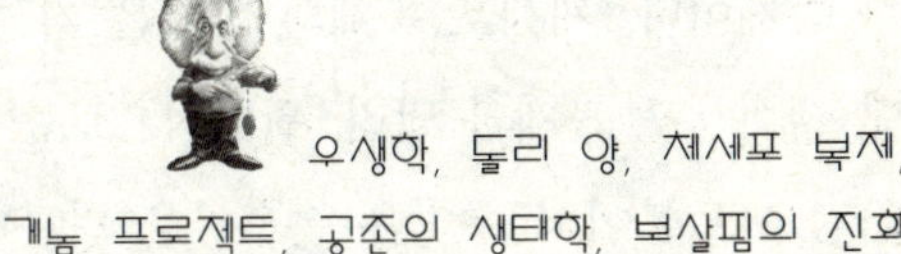

1920년대에 미국으로 이민 오려는 유색인종과 유럽의 빈민들이 폭발적으로 늘어나자, 당시 미국 정부는 행여 앵글로색슨계의 피가 희석되지나 않을까 하는 우려를 노골적으로 드러내기 시작했다. 그 결과가 우생학적 차별을 전제로 한 이민제한법의 통과이다. 그리하여 1911년부터 31년까지 미국의 30개 주에서는 정신박약인에 대한 강제불임이 법제화되어 있었다. 이렇게 역사에 새겨진 악법은 60년대 들어와서 대부분의 주에서 폐기되었지만, 버지니아주에서는 70년대까지 강제 불임시술을 시행하였다. 그 결과 미국에서만 1910년대부터 25년 동안 10만 명 이상의 정신박약인들이 불임시술의 희생자가 되었다. 노르웨이·핀란드·아이슬란드에서도 그러했고, 스웨덴은 6만 명에 이르며, 저 악명 높은 독일은 2차대전 기간 동안 40여만 명에게 불임시술을 했고 나중에 그 대부분을 학살하였다.

1997년 체세포 복제에 의한 돌리 양의 탄생은 인간복제의 미래를 꿈꾸는 많은 과학신봉자들에게 환상을 심어주었다. 생명복제에는 생식세포를 통한 복제와 체세포를 통한 복제가 있다. 이 가운데 생식세포에 의한 복제는 우량종자의 보존·증식이나 체외수정 등을 통하여 이미 많이 시행되어 왔다.

지금 문제가 되고 있는 것은 생식세포 복제가 아니라 체세포에 의한 복제이다. 체세포 복제의 방법은 기존의 육종학자들이 실시해 오던 생식세포 복제와 달리, 원리적으로는 손오공의 머리카락 한 올을 입김으로 불어서 수많은 손오공을 만든다는 이야기와 같다. 하지만 이와 같은 유전공학의 성과는 극단적으로 과연 '내가 누구인가'라는 자아정체성에 관한 철학적 문제를 야기할 수 있으며, 그에 앞서 실용화 단계에서 사회적 책임을 둘러싸고 혼란을 불러일으킬 수 있는 생명윤리의 문제가 심각해질 수도 있다.

과거 우생학이 몰고 온 사회윤리의 파멸은 기본적으로 생식세포를 인위적으로 조작하여 어떤 인공적 세계를 만들 수 있다는 인간의 오만과 그 오만을 부추겼던 과학의 무책임성에서 비롯되었다고 할 수 있다. 그렇기 때문에 오늘날의 체세포 복제와 세포핵 교환기술 같은 인위적인 교체를 시도하는 유전공학은 과거의 우생학보다 더 심각하게 인류를 파멸의 길로 몰아넣을 수도 있음을 우리는 항상 경계해야 한다. 요컨대 이런 유전공학 기술의 미래는 전보다 훨씬 심각한 생명윤리의 괴멸을 몰고 올 수도 있음을 생각해 보아야 한다.

하지만 더 큰 문제는 현대 유전공학의 흐름은 이런 사회적 문제와 관계없이 진행될 것이라는 점이다. 그 가장 큰 이유는 개인적인 생명복지의 문제를 유전공학만이 해결할 수 있다는 몇몇 과학자들의 신념 때문이다. 이러한 신념은 많은 불치병 환자나 그 가족들에게 유전

자 치료법이 당장 나올 것이라는 지나친 기대감과 책임질 수 없는 희망을 심어주고 있다.

그런데 이런 막연한 희망을 등에 업고 있는 유전공학은 '인간게놈 프로젝트'의 결과가 발표되면서 더욱 구체화되었고, 이에 따라 사회적 논쟁 역시 가속화되었다. 사회적으로 쟁점이 된 문제를 정리해 보면 다음과 같다. 첫째 철학적 정체성의 논의, 둘째 생명창조라는 신의 능력에 인간이 도전할 수 있는가 하는 기독교 신학의 문제, 셋째 새로운 우생학의 발생을 우려하는 생명윤리 및 사회윤리의 문제, 넷째 삶의 질을 향상시키기 위한 의료복지 차원에서 분자유전학과 같은 유전공학의 실용적 연구가 더 신속히 이루어져야 한다는 입장, 다섯째 과학의 탐구는 가치중립적이어서 앞서 논의한 문제와 관계없이 생명과학의 발전이 이루어져야 한다는 가치중립성에 관한 논의 등이 그것이다.

이 논의들은 기본적으로는 생명체의 유전자가 세포 차원에서 혹은 생명개체 차원에서 생명체의 특질을 그대로 반영한다는 유전자 만능주의의 틀을 그 안에 포함하고 있다.

유전자는 32억 개의 염기서열의 암호기호로 된 정보이며, 이 정보가 특정한 표현형질을 발현시킨다는 생각은 특정 유전자가 특정 생명현상 또는 특정 부위의 형질과 1대 1 대응한다는 전제를 깔고 있다. 이렇게 개별 유전자가 그에 해당하는 표현형질을 결정하고 있다는 것이 바로 앞에서 말한 유전자 결정론이다.

결정론이라는 용어는 철학적인 냄새를 짙게 풍기지만, 방법론적으로 유전자 결정론을 기반으로 하는 분자유전학에서 유전자 결정론이란 과학탐구의 방법론적 목표이기도 한 인과율을 대신하는 수사적 개념일 따름이다.

유전자 결정론에 근거한 유전자 복제는 유전자 자체가 각각의 고유한 형질기능을 갖고 있으며 생명개체의 생명성은 유전자의 총합으로 설명될 수 있다는 환원주의적 사유를 가능하게 한다. 이 말은 인간이 무엇인가라는 질문에 대하여 그것이 철학적이건 신학적이건 혹은 경제학적이건 관계없이 궁극적으로는 인간이 지니는 유전자로 모든 답을 할 수 있다는 결론이 나온다는 것이다. 이렇게 되면 생명체는 유전자의 기계적 조립품에 지나지 않는다.

따라서 이런 과학탐구의 결과를 상식적으로 받아들일 수 있는가 하는 물음이 당연히 제기될 수 있다. 또 그에 따라 철학적·신학적 문제와 사회윤리 문제를 둘러싼 논쟁이 끊이지 않게 된 것이다.

그런데 이 논쟁을 자세히 들여다보면 정작 내용과 관계없이 시비를 다투는 경우가 많다. 과학자그룹이나 과학신봉자들은 과학탐구와 그 실용적 가치의 꿈을 이루기 위하여 갈 길이 바쁜데, 괜히 인문학적 시비를 걸어서 귀찮을 정도로 사회적 논란거리를 만드는지 의아해한다. 그들은 비판적 인문사회학자들이나 시민단체 사람들이 현재의 과학탐구 수준이 어디까지 왔는지 그리고 이 세상이 진정으로 필요로 하는 것이 무엇인지를 제대로 모른다고 생각한다.

반면에 인문사회학적 접근을 하는 사람들은 과학자그룹이 사회와 단절된 실험실 연구에 매몰되어서 생명의 진정한 가치를 모르고 맹목적으로 위험수위로 치닫고 있다는 식의 단순한 판단만 하는 경우도 없지는 않다. 실제로 과학적 기초자료들을 포괄적으로 수집하지 못한 상태에서 풍문이나 대중적인 3차자료에만 의지해서 사회적 가치 차원의 주장을 되풀이한다면, 지금의 유전공학 연구성과가 지니는 진정한 의미를 놓칠 수 있다.

이런 양쪽의 문제들을 조율하는 일은 현대사회에서 빼놓을 수 없는 일이다. 그러나 현실에서는 논쟁은 많지만 상대의 이해를 구하거나 상호 협조하는 일은 쉽지 않은 듯하다. 이를테면 현재 우리나라의 생명윤리기본법 시안을 둘러싸고 나타나고 있는 윤리학자와 과학자들 간의 갈등이 그러하다. 대중여론과 유전공학 연구자들의 연구현실 사이에서 두 시야를 한 공간에 놓고 겹쳐 보는 정말 심도 있는 상호 연관성을 가진 논제는 매우 희박한 실정이다. 그 이유는 인문학자들이나 일반대중들은 최근의 과학적 성과들을 풍문으로 들었거나 기껏해야 매스컴에 인용된 아주 표피적인 내용만 알고 있기 때문이며, 또 과학자들은 인문학적 사유나 사회적 연대의식이 부족하여 종합적 비판력이 취약하기 때문이다.

30억 개의 염기서열 구조의 암호를 하나씩 하나씩 풀어감으로써 불치의 인간질병을 치료·예방할 수 있을 것이라는 희망을 생각하면, 분명히 유전공학의 과학적 성과는 인정되고 장려되어야 할 터이다. 그러나 지나온 인류의 역사를 되짚어볼 때, 과학적 성과들이 순수한 목적에만 이용되었다기보다는 왜곡된 목적을 실현하기 위해 도용되었던 역사의 흔적들이 너무나 뚜렷하다. 그렇기 때문에 인간복제 혹은 처음 보는 괴물이 창조되는 이종간 교배와 같은, 더할 수 없이 위험한 상황들이 현대 유전공학의 결과들과 결합될 수 있다는 우려를 배제할 수 없다.

특히 현대 자본주의 사회에서 과학적 성과들은 상업주의에 농락당하면서 오용되는 사례들이 너무 많은 것이 사실이다. 벌써 유전자 암호해독 연구를 전담하는 대규모 사기업이 나왔고, 그들의 연구결과를 돈을 받고 팔고 사는 행위가 미국에서 일어나고 있다는 사실이 신문지상에 오르내리기도 했다.

유전공학의 성과들이 현실에 응용될 때 좋은 것과 나쁜 것이 너무 확연하게 드러날 뿐더러, 지나치게 이기주의적인 기준에 의해서 평가되는 것이 문제다. 예를 들어 논에서 자라는 피는 벼에는 해롭지만 전체 생물생태계에서는 피 나름대로의 존재의미가 있다. 전체 생태계의 입장에서 볼 때 논의 피는, 인간의 기준에 의해서 좋다 나쁘다는 가치평가를 받아서는 결코 안 된다. 마찬가지로 지금까지의 서구 역사에서 볼 수 있었듯이 우생학적인 편견이 특정 집단의 이기주의적인 기준에 의해서 좋다 혹은 나쁘다는 가치평가를 하는 데서 비롯되었던 것처럼, 인간사회의 역사적 모순들이 반복될 수도 있는 과학적 가능성들을 다시 한번 면밀히 따져봐야 한다.

돼지저금통은 미국 캔자스주에 살던 어린아이가 어떤 한센병(나

'백인 전용'이라는 간판을 단 상점. 1960년대까지만 해도 미국에서 자주 볼 수 있었다.

병) 환자를 돕기 위해 동전을 모은 데서 연유되었다고 한다. 나치가 혹독하게 다룬 정신박약인이나 한센병 환자들은 우리 사회에서 없어져야 할 우생학적 배제의 대상이 아니라 더불어 살아감으로써 이질감보다는 동질감을 가지게 하는, 돼지저금통을 통해서 한 어린아이의 순수함이 드러나는 아름다운 조화의 역사를 만들어주었다.

똥은 더럽고 냄새나지만 땅을 기름지게 하며, 구름은 어둡지만 생명의 비를 내려준다. 곰팡이는 균을 퍼트리지만 모든 것을 썩혀 깨끗하게 해준다. 지렁이는 징그럽지만 중금속을 분해하여 흙을 살아나게 한다. 양귀비꽃은 그렇게 매혹적이지만 사람의 신경을 마비시킨다. 산소가 없다면 숨을 못 쉬어 곧 죽게 되지만, 그 산소가 바로 세포의 노화를 가져온다. 잡초라고 해서 다 뽑아버렸는데, 알고 보니 그것이 밥상 위의 맛깔나는 씀바귀와 비름나물이었다. 오존이 대기권에 있으면 우리를 자외선으로부터 보호해 주는 생명의 차양막이 되지만, 땅 근처에 있으면 치명적인 광화학(光化學) 산화제 오염물질이 된다. 사랑니도 다 있을 만하니까 있는 것이고, 뱃속의 대장균도 다 있을 만하니까 있는 것이다.

좋다 나쁘다는 것은 나를 중심으로 한 이기적 기준일 뿐이다. 그래서 우리에게는 배제의 우생학이 아니라 공존의 생태학이 필요하다. 특히 우리 사회가 안고 있는 심각한 문제 가운데 하나는 남녀의 성적 차이를 유전학적 차별로 간주해 버리는 뿌리 깊은 오해이다. 우리는 이 문제가 새로운 의미의 우생학이라는 점을 깨달아야 하며, 남녀가 과연 유전학적으로 다를까 하는 질문을 진지하게 던져보아야 한다.

3만~4만 개 정도로 추정되는 인간 유전자는 DNA를 구성하는 네 가지 염기의 배열인 염색체 안에 들어 있다. 그 염색체의 수는 짝으로 구성된 23쌍, 즉 46개이다. 그렇다면 염색체 하나에 들어 있는 유전자의 수는 평균해서 600개 가량 될 것이라는 계산이 나온다(실제로는 평균값으로 구성되어 있지 않다). 그리고 46개의 염색체 중에서 44개는 상염색체로서 일반적인 몸의 구성을 이루는 정보를 담고 있지만, 나머지 염색체 2개는 여성이냐 남성이냐를 가르는 성염색체라고 불리는 정보를 담고 있다. 여성은 X염색체 두 개로, 남성은 X염색체 하나와 Y염색체 하나로 성염색체가 채워진다. 결국 여성과 남성은 46개의 염색체 중에서 단 한 개의 염색체가 다를 뿐이다.

그런데 Y염색체에는 30개 정도의 유전자가 있는데, 그중에서 15개 가량은 X염색체와 같으며 나머지 15개 정도의 유전자만이 다르다. 그렇다면 3만여 개의 인간 유전자 가운데 불과 15개의 유전자만이 남녀의 차이를 만드는 유전자 정보풀(pool)이 되는 셈이다. 물론 남녀의 차이를 유전자의 정량적인 숫자 개념으로 환원하여 말하는 것은 더 우스운 일일 것이다. 그러나 여기에서 말하고자 하는 바는, 남녀의 유전학적 차이가 우리 사회에서 드러나고 있는 관습화된 성의 차별을 가져다줄 정도로 대단한 차이가 절대로 될 수 없다는 점이다.

물론 남녀간에는 분명히 생리학적 차이가 있다. 예를 들어 두뇌의 좌우 구조에서 남자는 우뇌와 좌뇌의 기능차이가 뚜렷하지만, 여성은 양쪽 뇌 기능의 상호교환성이 강하다. 또 특정 질병에 노출되는 시기가 일반적으로 서로 다른데, 이는 성호르몬과 밀접한 관계가 있다는 연구결과가 나와 있다. 여성호르몬인 에스트로겐이 세포의 노화진행과 연결되어 있음이 확인된 것이다. 그래서 여성이 남성보다 오래 산다고 한다. 또 성기구조의 외양적인 차이, 골격과 근육의 발달 정도의 차이, 성대구조에 의한 목소리의 차이, 자손에 대한 양육의지의 차이, 호기심이나 성격의 차이 등도 당연히 있다. 그렇지만

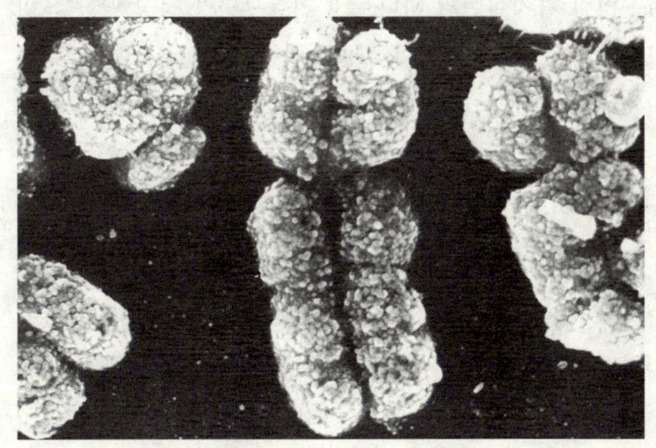

XY염색체

인류가 사회를 조직하면서 남녀간의 이런 외형적 차이를 사회적 차별로 이용한 것이 문제이다.

후손을 더 많이 증식시키기 위하여 암컷을 차지하려는 수컷끼리의 싸움이나, 그렇게 차지한 암컷을 강하게 지배하는 권력구조는 동물에게서 흔히 볼 수 있다. 그러나 인류는 문화를 소유하고 나아가 일부일처제가 되면서 여성과 남성의 관계를 지배관계로 만들 필요가 없었다. 그럼에도 불구하고 인류역사에서 남성은 더 나은 골격과 근육 그리고 더 강한 소유욕을 이용해서 여성에 대한 지배권력을 행사해 왔다. 뿐더러 이러한 성적 지배권력은 인류의 문화사를 통해서 오히려 더 강화되었다. 서구 기독교는 남성과 여성을 말할 때 원천적으로 해부학적 차이가 있는 것으로 묘사하여 성적 차별을 정당화했으며, 동양의 유교는 사랑의 차이를 말하면서 여성을 남성에게 손쉽게 귀속시키는 논리를 전개해 왔던 것이다.

인간종의 지속을 진정으로 원한다면 소유에서 평등으로 나아가는 이타주의적 행위가 진화의 중요한 끈이 된다는 것을 인식해야 한다. 그러한 이타주의적 가치실현의 하나로서 인류사회가 정녕 평화를 원한다면 자잘한 싸움이나 큰 전쟁의 전리품이랄 수 있는, 성차별을 이용해서 쌓아올린 남성의 권력을 미련 없이 버려야 한다. "내가 원하는 것은 남들도 원하고, 내가 싫어하는 것은 남들도 싫어한다." 바로 이 간단한 명제가 인류가 지켜야 할 마지막 진화론적 보루이기도 하다. 이는 또 서로가 서로를 보살피고 모시는 관계의 모습이기도 하다.

그런데 이 보살핌은 베푸는 이가 따로 있고 받는 이가 따로 있는 것으로 착각할 수 있다. 그것은 정말 착각이다. 자연의 보살핌은 베풀고 받는 이가 따로 있는 게 아니다. 그렇듯이 여성이 지닌 특유의 보살핌(care)의 행동과 정신을 여성이 남성에게 일방적으로 베풀고 남성은 그런 보살핌을 향유하는 것으로 착각함으로 해서 이로부터 성차별이 생겨났다. 결국 베풀고 받는 주체를 따로 구분하는 일은 인류사회의 전쟁과 지배권력 등을 정당화하기 위한 도구가 되어왔을 뿐이다.

남자인 내가 여성의 편을 들기 위해서 이런 말을 하는 것이 아니다. 자연 안에 존재하는 진화론적 보살핌의 생명현상들을 진정으로 실천하기 위해서는 먼저 그 구체적인 사례로서 성차별을 통해 획득한 남성의 잘못된 기득권을 남성 스스로 내던져야 한다는 뜻에서 말하는 것이다. 원래부터 남녀 사이에는 유전자적 차별이 있다는 둥, "여자는 역시 그렇지"라면서 성격구조가 원래부터 그렇다는 둥 하는 말들을 정말 면밀히 들여다보면, 그 말의 내용과 관계없이 결국 남성만의 지속적인 편리함과 성적 권력을 유지하려는 구차한 핑계밖에는 아무것도 없다는 것이 드러나고 만다. 남성들 그리고 성차별에 이미 익숙해진 여성들 모두 그런 핑계를 과감히 버리는 일, 그것이 보살핌의 작은 실천임을 알아야 한다.

이런 작은 생활 속의 보살핌이 곧 자연에 내재된 보살핌의 질서를 인식하는 과정이며, 인류를 존속시켜 온 진화과정에 부합하는 일이기도 하다. 그렇게 되면 큰 전쟁에서부터 주변의 권력싸움이나 질시, 과욕 등도 따라서 없어지는 아주 괜찮은 부수입도 있다.

에피소드 한 가지를 말하면서 이 이야기를 마치기로 한다. 1996년에 저 유명한 영국의 복제양 이름이 왜 돌리로 붙여졌는지에 관한 이야기이다. 체세포 복제는 성체(成體) 생명체의 아무 기관 혹은 아무 세포나 다 되는 것이 아니다. 현재의 기술로서는 대퇴부 세포나 유선조직 세포에서 복제의 성공률이 높다. 그래서 양의 유방 체세포를 떼어서 복제에 성공했다. 그러자 당시 미국 남성이 가장 선호하는 젖가슴을 가졌다고 해서 유명해진 여가수 돌리 패튼(Dolly Parton)의 이름을 따서 복제양의 이름을 돌리라고 하였다. 과학이 여성 신체의 성적인 메타포(sexual metaphor)를 이용한 셈이다. 그렇게 순수하다는 자연과학의 성과에도 은근슬쩍 남성권력주의가 스며들어 있는 단적인 에피소드가 아닐 수 없다.

생명복제, 과연 꿈의 과학인가

생명폭탄의 기폭제

돌리라고 이름붙여진 양의 복제에 성공했다는 발표 이후, 생명복제에 대한 일반인의 관심이 매우 높아졌다. 이미 그전부터 인공수정, 체외수정, 선택적 중절 등과 같은 전통적 생명복제가 이루어져 왔지만 그 방식은 생식세포를 인공적인 방식으로 접합시켜 복제하는 것이었다. 그러나 요즘 문제가 되고 있는 생명복제는 난자와 정자라는 암수의 생식세포 교환을 통해서가 아니라 체세포의 DNA 군집을 자체적으로 증식시켜 어른 생명체를 만드는 방식으로 이루어진다.

이 이야기는 여러 공상과학영화에서 이미 선례들을 보여주었다. 자신과 똑같은 사람을 체세포 복제하여 생활 속에서의 역할을 나누어 한다는 둥, 자신은 죽지만 죽기 직전에 체세포를 복제하여 자신과 똑같은 또 하나를 만들어 영원한 생명을 꾀한다는 이야기, 또는 인류를 정복한 외계인이 그들의 입맛에 맞는 인간을 배양하여 생산하는 대규모 인간생산 공장을 운영한다는 등의 황당한 이야기들이다.

이런 이야기들의 원조는 뭐니 뭐니 해도 프랑켄슈타인 소설일 것이다. 프랑켄슈타인이라는 키메라의 등장은 처음에는 생소함, 놀라움, 두려움 그리고 한 편의 재미난 이야기를 제공했으나 이제는 시큰둥한 과거의 이야기가 되어버렸다. 그만큼 과학의 발전이 황당한 이야기들을 무디게 받아들이게 하는 현실인식의 변화를 가져다준 것이다.

이와 같이 체세포 생명복제 기술이 이제는 과학의 상상적 희망에 그치는 것이 아니고 과학의 구체적 현실로 되었다는 데 그 문제의 심각성이 있다. 오늘날 생명공학의 구체적 연구현실은 모든 것을 일선의 해당 과학자들에게 맡겨놓기에는 너무 많은 문제를 안고 있다. 게다가 유전자를 이용한 질병의 극복 등과 같은 의료복지의 문제를 오로지 유전공학만이 해결할 수 있다는 오도된 의학적 신념들이 확산되면서 문제는 더욱더 심각해지고 있다. 1997년 초에 복제양 돌리가 탄생하자 그렇게 법석을 떨던 매스컴들이 2003년 초에 돌리가 비정상 비만증과 이상 노쇠현상으로 죽었을 때는 약속이나 한 듯이 침묵을 지켰던 사실을 결코 잊어서는 안 된다.

간단히 말해서 생명공학 분야의 실험적 연구에 대한 사회적 제어장치가 반드시 필요하다고 생각한다. 그런데 일선 과학자들은 이같은 제어장치는 과학연구의 자유를 침해하는 일이며, 과학자의 자유로운 연구는 침해받아서 안 된다고 항변한다. 논리적으로 볼 때 이 항변은 타당하다. 그렇지만 이 논리는 진공실에 갇힌 폐쇄논리일 뿐, 현실적 상황을 무시하는 태도이다.

그럼 반대의 예를 들어보기로 하자. 현재 우주공간에 대한 갖가지

연구가 진행중이다. 가령 외계신호 및 행성 지질학 등과 같은 천체과학 연구가 이루어지고 있지만, 이를 연구하는 과학자 가운데 어느 누구도 자신의 자유로운 연구를 침해받지 않는다. 그러나 만약 상당한 지능을 가진 외계 생명체가 실제로 지구와의 교신 또는 왕래가 가능해지는 가상적 현실에 직면한다면, 우리 지구인은 어떤 방식으로든 천체과학 탐구의 일관된 약속이나 자체 규제를 당연히 필요로 할 것이다. 다만 현재의 천체연구 수준이 아직 그와 같은 단계에 이르지 못했기 때문에 어떤 약속이나 규제가 필요 없을 뿐이다.

하지만 생명공학 분야, 특히 체세포 복제 연구와 배아 증식에 관한 연구는 어떤 방식으로든 일관된 약속이 반드시 요구될 만큼 현실상황이 급박해졌다. 이를 연구를 제한하는 규제로 받아들여서는 결코 안 된다. 왜냐하면 현재의 생명공학 연구실태는 37억년의 지구 생명사의 흔적을 고스란히 간직해 오고 있는 인간종의 존재양상과 인식구조 및 삶의 양태를 한순간에 뒤엎어버릴 정도로 강력한 생명위기의 기폭제를 이미 만들어놓았기 때문이다. 정말 그러한지 현재의 생명복제 기술의 상황을 좀더 자세히 살펴보도록 하자.

생명복제 기술의 현황

1950년대에 DNA의 구조가 밝혀진 뒤로 유전자 연구는 급속도로 팽창해 왔다. 80년대 중반에 미국을 중심으로 게놈 프로젝트가 시작되었고, 2002년에 그 결과가 공표되었다. 그리하여 인간의 유전자 지도가 그려졌고, 인간종의 유전자 지도는 3만~4만 개의 유전자군으로 구성된 것으로 밝혀졌다.

게놈 프로젝트가 지니고 있는 과학적 의미의 핵심은 특정 유전자가 다른 유전자에 의해 교체 가능하다는 점이다. 이는 그런 특정 유전자를 담고 있는 유기체는 생명의 특성이 달라질 수 있다는 것 또한 함축하고 있다. 게놈 프로젝트의 원동력을 이룬 것은, 효소 바이러스와 같은 유전자 운반체를 이용해서 특정 생명체의 유전자와 다른 생명체의 유전자를 결합시켜 새로운 생명 특이성의 전환을 가능케 한 70년대 연구성과이다. 그러나 게놈 프로젝트는 바이러스가 아닌 인간 생명에 관한 유전정보를 담고 있는 것이기 때문에 사회적으로 엄청난 파장을 불러일으킬 수 있다. 물론 이 생명 특이성 전환에 관한 연구성과에 힘입어 새로운 면역물질과 의약품이 제조됨으로 해서, 적어도 원리적으로는 이 연구가 인류의 숙원인 의료복지 향상에 획기적인 도움을 준 것은 사실이다.

그러나 게놈 프로젝트의 성과는 유전자의 정보일 뿐이다. 따라서 이 유전자 정보가 어떻게 교체 가능한지, 그리고 교체된 유전자가 실제로 생명체 속에서 생명기능을 수행하기 위한 증식과정을 어떻게 할 것인지 등과 같은 실험방법론의 문제가 해결되어야 한다. 그리하여 이러한 과제는 생명복제라는 현실적 연구결과로 이어졌다.

그럼 생명복제에 관한 연구방법의 현실을 좀더 살펴보기로 하자. 전통적인 생명복제 방법은 수정된 세포가 분열·증식하는 과정에서 그라스메스를 이용하여 분할된 것을 나누어 다시 증식시킴으로써 원래의 생명체로 키우는 방법을 말한다. 이 방법은 이미 축산분야에서 우생 종자를 만들 때 많이 이용해 왔다. 또 다른 방법은 체세포를 이용한 핵치환 방법이다. 핵치환은 특정 난자에서 핵을 완전히 제거한 후, 다른 체세포의 DNA를 집어넣어 새로운 세포를 만들어서 배양·증식시키는 방법이다. 즉 DNA를 바꿔치기하는 것으로서, '돌리'나 한국의 복제소가 바로 이 방법을 이용해 태어났다.

그런데 이렇게 핵치환 방식으로 조작된 새로운 세포 혹은 다른 생명체에서 추출한 DNA를 조합하여 만든 세포를 배양하여 새로운 생명체를 형성하는 생성세포 역시 원리적으로 암수의 정상적인 수정을 통해서 형성된 수정란 세포와 동일한 생명기능을 가질 것이라는 희망이 지금 논란이 되고 있는 문제의 핵심이다. 인위적으로 조작된 세포라 할지라도 외형적으로는 정상세포와 같아 보이기 때문이다. 그러나 치환이나 접합에 의해 만들어진 인공세포는 결코 정상적인 성장을 기대할 수 없다.

세간을 떠들썩하게 했던 돌리 양도 비정상 비만증과 노화현상으로 얼마 전에 죽은 것처럼, 생명복제의 기술적·윤리적 문제는 생각보다 심각하다는 것을 분명히 인식해야 한다. 이를 제대로 이해하기 위해서는 배아세포 문제가 거론되어야 한다. 사실 조금 복잡한 과학적 이야기이긴 하지만, 문제의 심각성을 제대로 파악하려면 반드시 짚고 넘어가야 한다.

수정이 끝난 아기세포에서 자라난 어른 생명체는 기본적으로 최

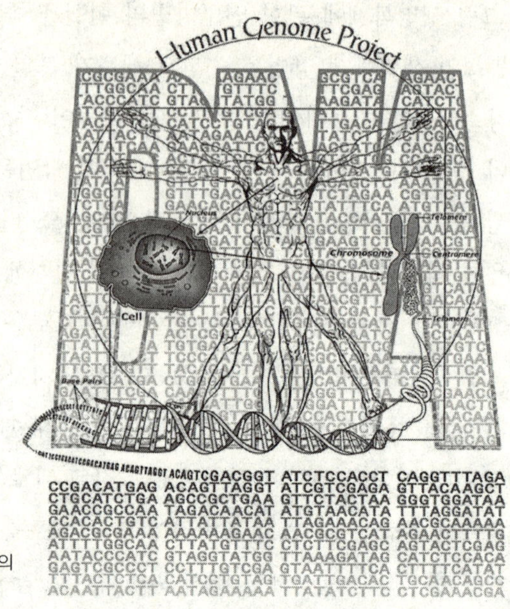

게놈 프로젝트를 통한 다빈치의
신인간 모델

초의 수정세포가 분열·증식한 결과이다. 그래서 어른 생명체는 최초의 세포와 똑같은 세포의 덩어리라고 보면 된다. 다시 말해서 모든 어른세포 하나하나는 아기세포의 DNA를 모두 갖고 있다는 것이다. 그러므로 원리적으로 어른세포 하나를 떼어내서 잘 배양할 수 있다면, 그 자체로 또 하나의 어른 생명체가 생성될 수 있게 된다. 거듭 말하지만 원리적으로 그렇다는 말이다.

이렇게 새로운 어른 생명체를 고스란히 생성할 수 있는 가능성을 지닌 세포를 줄기세포(stem cell)라고 부른다. 이 줄기세포에는 생식세포들끼리의 수정을 통해서 형성된 정상적인 배아 줄기세포가 있고, 이미 어른세포가 되었지만 그 세포를 증식시킴으로써 어른 생명체를 생성시킬 수 있는 잠재적 성체 줄기세포가 있다. 후자의 경우 배양만 잘하면 성체의 장기나 기관을 똑같이 복제할 수 있기 때문에 장기 이식수술과 같은 의료적 가치가 크게 기대되고 있다.

그러면 우리가 문제삼고 있는 부분이 조금 분명해졌다. 인간의 경우를 들어 이야기를 다시 요약해 보자.

첫째, 어른의 줄기세포를 떼어내서 그 세포를 자체적으로 배양하여, 클론이라 불리는 배양된 줄기세포를 통해서 똑같은 사람을 다시 만드는 것이 실험적으로 가능해졌다는 점이다. 그러나 이런 완전 성체의 복제가 현재의 실험기술 능력으로는 잘 안 되기 때문에 줄기세포를 이용한 복제는 신체의 부분적인 장기나 기관을 복제하는 데 주로 이용되고 있다.

둘째, 이와 같은 성체 복제기술의 한계 때문에 현재는 난자를 추출해 내어서 난자의 원래 핵을 제거한 다음 그 자리에 줄기세포에서 추출한 핵을 삽입시켜 전기자극 등을 통해서 외부의 새로운 핵과 원래 난자의 세포질을 접합시켜 인공적으로 생명 배아를 만든다는 점이다. 이렇게 해서 만든 배아를 배양시키기 위한 인공배양기 역시 현재의 기술로는 불가능하기 때문에, 그 인공 배아를 어른 동물(혹은 인간) 자궁에 인공적으로 착상시킴으로써 인공생명을 탄생시킬 수 있게 되었다고 한다.

생명복제의 희망과 모순

이러한 연구를 수행하는 과학자집단은 연구의 목적이 당뇨병 치료나 장기 이식수술 혹은 불임환자 치료와 같은 인류의 궁극적인 의료복지를 추구하는 데 있으며, 다른 한편으로는 경제적 가치를 높이는 우생의 동물종자를 육성함으로써 고비용을 획기적으로 절감하는 데 있다고 말한다. 틀린 말은 아니다. 그러나 이런 목적을 이루기 위하여 수행되는 연구는 실험기술의 미숙함과 생명이해에 대한 물질론적인 천박함에서 오는 심각한 부작용의 위험성을 너무 소홀히 생각하고 있는 것이 현실이다. 더군다나 인공적인 인간복제라는 어마어마한 반(反)인간성에 대한 철학적·종교적·윤리적 성찰이 너무 형식에만 치우치고 있다는 것이 놀라울 따름이다.

그렇기 때문에 클론의 연구자들이 크게 부각시키지 않으려 하는 클론 기술의 허점을 명료하게 드러내야 한다. 그 속내의 문제점을 조금이라도 자세히 들여다본다면, 일반사람들의 지속적 견제와 비판적 태도가 왜 필요한지를 이해할 수 있을 것이다.

한국이라는 구체적인 상황을 염두에 두고서 생명복제의 문제점을 거론하면, 다음 몇 가지로 정리할 수 있다.

첫째, 복제연구를 위해서는 기본적으로 난자를 인공적으로 수집해야 한다. 그래서 불임환자들은 불임치료를 위해 제공된 난자를 이용하며, 배아 형성을 위한 복제연구는 불임치료에 사용하고 남은 난자를 쓰고 있다. 한국의 경우 불임치료기관으로는 100여 개의 병원이 있는데, 이 병원들이 문을 닫거나 이전할 때 냉동 잉여난자의 관리가 매우 부실한 실정이다. 한마디로 잉여난자의 제공자에 대한 관리가 허술할 뿐더러 잉여난자의 과잉 소모가 의심된다. 세간에 떠도는, 모 유명대학 여대생의 난자가 얼마에 팔린다는 둥 하는 말이 정녕 헛소문이었으면 한다. 설령 헛소문이라 할지라도 이같이 소문이 떠돈다는 것은 그만큼 잉여난자의 관리가 부실할 수 있음을 증명해

주는 것이라 하겠다.

둘째, 체세포를 이용한 배아 복제기술은 또 어떠한가? 핵치환을 통한 배아 형성은 한번에 되는 것이 아니라 무수히 많은 시행착오를 거치면서 이루어진다. 대략 2년 전부터 기술이 급진적으로 향상되었다고 말하지만, 그래도 하나의 배아를 복제하는 데 있어서의 기술적 어려움은 여전하다.

우선 복제의 전단계인 무성 수정을 위해서 수백 개의 난자가 필요하며, 또 수정 이후 세포의 분열·증식을 시작하는 배아가 형성될 확률은 그중 기껏해야 수십 개에 불과하다. 다음으로, 어렵게 자궁에 착상을 시킨다 해도 대부분이 임신기간중에 유산되거나 사산된다. 이렇게 해서 무사히 태어난다 해도 기형이 많다는 것을 일반인들은 잘 모르고 있다.

잘 알려진 복제양 돌리 역시 똑같은 실험을 거친 난자 277개 가운데 유일하게 성공한 경우이다. 그런 돌리 양도 비정상 비만증과 과노화 현상으로 얼마 전에 죽었다. 탄생 때는 매스컴에서 그렇게 떠들어 댔지만, 죽었을 때는 기사 몇 줄로 간략히 보도되었을 따름이다.

셋째, 어쨌든 핵치환에 성공한 배아는 원리적으로 자궁에 착상시킴으로써 배양만 잘하면 성체가 된다. 그러나 이는 핵이 제거된 난자의 세포질을 단순히 체세포의 핵을 성장시키기 위한 영양물질로만 보는 관점이다. 생명의 특성은 오로지 체세포 핵에 존재하는 DNA로 모두 설명이 가능하다는 물질적 전제에 근거해서 현재의 연구실험은 수행되고 있는 것이다.

그러나 핵이 제거된 난자의 세포질 역시 생명의 특성에 영향을 주는 중요한 환경조건이라는 것을 무시할 때는 엄청난 생명의 재앙이 예고된다. 무슨 말인가 하면, 외부 핵과 난자 세포질 사이의 세포주기의 적합성이 붕괴됨으로 해서 유전자 변형이 일어날 가능성이 매우 높다는 것이다. 또 한 가지 사례로, 고유의 형질을 나타내는 동물 염색체에는 텔로미어라는 열린 끝부분이 있는데, 이 부분은 세포가 노화됨에 따라 길이가 짧아진다. 그래서 체세포 복제를 한 생명체는 이미 짧아진 텔로미어 염색체에서부터 연결되기 때문에 복제 생명체는 예상치 못한 과잉 노화현상을 일으킬 수 있다. 혹은 면역기능의 부적응으로 말미암아 기형으로 태어난다든가 면역질환에 쉽게 노출될 수도 있다. 이런 문제점말고도 부작용은 한두 가지가 아니다.

넷째, 성공한 배아는 14일이 지나면 원시선을 형성하여 배아세포의 위치에 따라 특정 장기나 기관으로 발전하게 된다. 법률상으로 배아는 발생학적으로 모든 기관이 형성되는 8주까지의 세포단계로 정의되고 있다. 그런데 자연 배아와 달리 인공 조작된 배아는 생체기관 형성기간 동안에 생명발달 구조의 활성화 신호가 서로 맞지 않아서 기형으로 발달할 가능성이 매우 높다.

하지만 배아는 이미 하나의 독립된 생명체이다. 설령 기형의 부작용이 없다 해도 인간 배아의 복제는 생명체를 파괴하거나 조작하는 것이기 때문에 한 인간생명을 죽이는 것과 다름없는 반윤리적이고도 반인간적인 행태라 아니할 수 없다. 따라서 인간인 경우 배아 연구의 허용범위를 배아 발생 14일 이전까지는 허용하자는 의견은 사실상 생명파괴를 용인하자는 얘기이다. 왜냐하면 수정 이후의 모든 배아는 이미 생명에 해당하기 때문이다.

그렇다고 일체의 배아 연구를 금지하자는 것은 아니다. 다만 인간 배아의 연구는 제한하자는 말이다. 배아 연구는 동물 배아에 국한되어야 하며, 그것도 키메라를 낳는 이종교배는 절대적으로 규제되어야 한다.

다섯째, 장기이식을 위한 배아세포의 증식에 관한 몇몇 오해를 좀 더 살펴보자. 외부로부터 받아들이는 배아 줄기세포에서 생길 수 있는 조직이식의 면역적 거부반응 때문에 자신의 세포를 증식하여 자신에게 이식하는 방식을 채택하면 된다는 새로운 기술적 제안이 등장했다. 다시 말해서 배아 줄기세포 대신에 자신의 기존 기관에서 이미 다 자란 성체 줄기세포를 떼어내 배양하여 이식하는 방법이다.

이 방법은 배아 줄기세포와 달리 성체 줄기세포는 이식 거부반응이 전혀 없다는 것을 전제하고 있다. 그렇지만 바로 이같은 전제가 과학자의 오만이다. 성체 줄기세포라 할지라도 체세포 핵 이식에 의한 복제기술은 유전체의 메칠레이션 현상이라 불리는 결정적인 부작용을 일으키는가 하면, 착상 후 기형 발생률과 유산율도 여전하며, 유전체의 비정상 발현이 있을 수 있다. 요컨대 성체 줄기세포 이식이 배아 줄기세포보다 안전성 면에서 조금 확률이 높을 뿐 그 위험요소는 마찬가지이다. 하지만 지금까지 성체 줄기세포를 보는 관점은 배아 줄기세포가 지니는 엄청난 윤리적 논쟁을 회피하기 위한 대안으로서만 다루어져 왔다.

여섯째, 유전자의 특정 염기서열이나 혹은 유전자 조작을 통해 얻은 동물에 대한 정보의 특허는 많은 비난에도 불구하고 이미 대기업에 의해 이루어지고 있다. 그런데 생명복제 기술까지 특허출원이 된 상태라서 그렇게 우려해 오던 '생명의 상업화'가 가속화될 조짐이 이미 나타나고 있다.

2001년 5월에 미국의 생명공학 관련 대기업인 제론은 돌리 양을 복제한 영국의 로슬린 연구소로부터 복제기술 라이선스를 4500만 달러에 사들여 영국 특허청에 특허신청을 했다. 또 로슬린 연구소는 이미 1998년부터 한국을 포함한 전세계 100여 국가에 복제기술에 대한 동시 특허출원을 신청한 상태이다. 영국은 세계적으로도 생명의 상업화에 무모할 정도로 적극성을 보이고 있는데다, 이같은 무모함이 한국에까지 큰 영향을 끼쳐서 특허출원 전쟁에서 독점권 경쟁에 밀리면 안 된다는 상업화의 강박감이 한국의 생명공학 실험실에서도 여실히 나타나고 있다.

국내의 몇몇 생명공학 실험실에서도 복제관련 기술 다수를 국내 특허로 출원했는데, 특정 복제기술 하나가 약 60억 달러의 시장성을 가진다는 경제예측은 이미 생명이 상업화 전략에 희생당하고 있음을 보여주는 예라 하겠다. 특히 한국의 경우 상업화가 더욱더 가속화될 것이라는 사회적 예측은 결코 과학기술의 진보라는 자만심으로 포장되거나 합리화되어서는 안 된다. 한국의 생명공학 수준은 세계에서 다섯번째로, 체세포를 이용한 동물복제 기술력으로 급상승했다. 반면에 사회적 조정장치는 일본에서도 부러워할 만큼 그 규제가 미약한 실정이다. 그나마 다행이라면 얼마 전에 최소한의 생명윤리법안이 상정되어 국회 통과를 기다리고 있다는 것인데, 하루속히 원안대로 통과되기를 기대할 뿐이다.

어디부터가 생명의 발현인가

배아 줄기세포를 연구용으로 사용하기 위해서는 먼저 어디서부터

를 생명체로 볼 것인가에 대한 철학적 귀결과 사회적 합의가 이루어
져야 하는데, 이를 둘러싼 논쟁이 매우 치열하다. 구체적으로 수정
순간부터인가 혹은 착상되는 순간부터인가 아니면 원시선 발생이 끝
나는 14일 이후부터인가 혹은 배아세포의 8세포기 이후부터인가 하
는 것은 어느 시점부터를 생명체의 실체로 잡아야 하는가에 관한 논
쟁이다.

그러나 사실 이 논쟁에는 영혼이 무엇인가 하는 형이상학적 존재
론이나 먹음직스러운 사과 한 알의 실체가 무엇인가 하는 물질적 존
재론의 논쟁보다 더 어려운 점이 도사리고 있다. 무생명의 물체에 대
한 정체성 논의가 아니라 변화하고 살아 있는 생명체에 관한 논의이
기 때문이다. 그리고 이 논쟁을 자세히 들여다보노라면, 사회적 이해
관계에 매몰되어서 철학적 논의가 소홀해지는 경우가 많다. 이제는
생명에 대한 철학적인 의미를 좀더 심각하게 살펴야 한다. 생명윤리
문제에서 철학적 논의는 지금 당장 그 해결책을 제시해 주는 것은
아니지만, 근본적인 문제에 접근하는 데 있어서 필요조건이다.

철학적 사유에 관심 있는 사람이라면, 인간의 정체성을 아이와 어
른으로 따로 나누어서 사고하지 않는다. 사회적으로 볼 때 인간의 정
체성을 어른과 아이, 혹은 여성과 남성, 심지어 유색인종과 백인종으
로 구분하여 우열 비교했던 불행한 우생학의 역사가 있었고 또 지금
도 존재한다. 하지만 이같이 차별을 의도한 구별은 사회적인 구별이
었지, 결코 철학적인 구별이 아니었다. 일반적으로 어린아이에게는
어른이 지니고 있는 절제된 이성이 결여되어 있을 수 있지만, 그렇다
고 해서 어린아이를 인간이 아니라고 할 수는 없다. 남성이 갖추고
있는 근육이 별로 없다고 해서 여성을 인간이 아니라고 할 수 없다.

유색인이 백인들처럼 제국주의 권력을 선점하지 못했다고 해서 인간이 아니라고 할 수 없듯이 말이다.

그렇듯이 성체와 배아를 차별하는 것은 적어도 인류학적 오류에 해당한다. 인류가 대재앙을 맞아서 절대 인구수가 매우 희소해지는 상황을 한번 가정해 보자. 당연히 이런 가상 상황에서는 인간의 난자나 배아를 파괴시키는 일은 명백히 범죄로 규정될 것이다. 지금은 인류 개체수가 너무 많아서 배아 논쟁을 하고 있을 뿐이다. 그래서 인류학적 오류라고 말하는 것이다.

완전과 결핍은 전체를 정의하는 기준이 될 수 없다. 완전과 결핍은 양적인 차이일 뿐, 질적인 차별이 될 수 없다는 뜻이다. 완전과 결핍은 공통의 요소를 분모로 가진 연속적인 존재이다. 우리는 그 공통분모의 요소를 눈여겨보아야 한다. 그런 다음 인간성의 공통분모가 과연 이성(理性)뿐인가 하는 물음을 진지하게 던져보아야 한다.

호모 사피언스가 자랑하는 이성만을 기준으로 한다면 분명히 구별론자의 입장이 옳을 수 있다. 그러나 인간이란 무엇인가 하는 질문에 대하여 이성만을 유일한 잣대로 해야 한다는 입장은 다름아니라 극단적인 인간 이기주의의 소치이기도 하다. 이럴 경우 유클리드의 공리와 뉴턴의 역학과 상대성 이론을 발굴한 이성의 소유자인 서양인만이 인간 정체성의 핵심적 본질이 되어버리는, 이른바 생물학적 제국주의가 버젓이 활개칠 수 있다. 결과적으로 이 사고는 우생학적 차별주의와 맞닿아 있다. 나치의 독가스 실험과 일본군대의 생체실험이라는 그리 멀지 않은 과거의 역사경험에서, 그리고 KKK단과 같은 현재의 갖가지 역사경험에서 우리는 이 우생학적 차별주의를 똑똑히 목격할 수 있다.

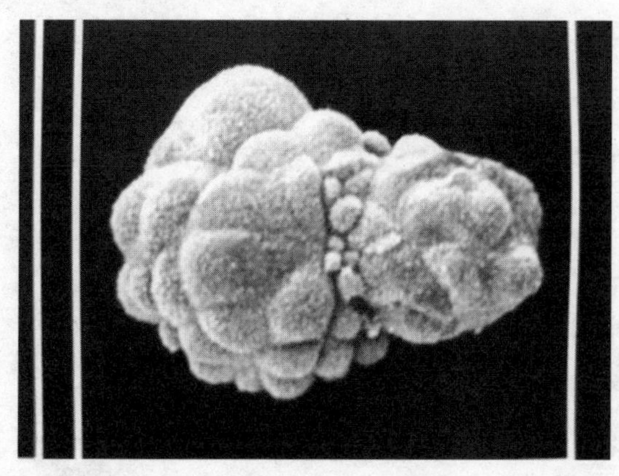

생명의 시작.
256배포기의 수정란

　그럼 원래 이야기로 돌아가 보기로 하자. 생명의 시작은 수정되는 순간부터이다. 그렇다고 해서 줄기세포 연구를 하지 말자는 것은 아니다. 인간의 윤리성과 존엄성이라는 구호가 과학연구의 현실에 대한 무지 혹은 정서적인 항변으로 폄해지는 것을 막기 위해서는 무엇보다도 구체적인 과학적 대안이 절실히 요구된다.

　그 대안적 논리로서 줄기세포 연구와 그에 따른 생명복제 연구는 그것이 배아이건 성체이건 관계없이 면역체계에 대한 연구가 선행되어야 한다는 것이 나의 입장이다. 이러한 논리에 힘이 실리지 않을 경우, "생명의 시작은 14일 원시선 출현 때부터인가 아니면 수정 때부터인가" "배아냐 성체냐" 혹은 "특허권 선점이냐 아니면 특허 종속이냐" 하는 논쟁에만 빠져들어 결국 공학기술의 도도한 흐름과 생명산업의 거대한 자본에 밀려 생명성의 붕괴는 불을 보듯 뻔할 터이다. 이와 더불어 이론적 항변에 그칠 일이 아니라 구체적인 논쟁의 현실을 직시해야 한다. 논쟁의 현실이 무엇인지 좀더 살펴보기로 하자.

역사 속의 충돌적 저항

생명윤리 법안의 주요 제안자이자 이 분야의 중요한 학문적 안내자인 김환석 교수가 자주 말하고 있듯이, 치료를 목적으로 한 복제를 쉽게 허용해 버리는 것은 결국 생식을 목적으로 한 복제라는, 마치 브레이크 없이 한없이 미끄러지는 경사길(slippery slope) 위에 서 있는 것과 진배없다는 사실이다. 화려한 학문적 이론과 복잡한 사회적 상황에 대한 고려 그리고 아주 세심한 관련법안들이 동원된다고 해도 공학적 연구의 진행방향을 막을 수 없을 것이라는 비관적 생각이 많이 든다. 우리가 할 수 있는 일이라 해야 고작 연구속도를 얼마나 늦출 수 있는가 하는 수동적인 대응에 머물고 말 것 같기만 하다.

현대에 와서 공학자의 연구실험실은 이미 떠나간 버스와 같다. 지나간 인간의 역사가 그토록 불행한 흔적을 여실히 보여주고 있음을 다시 상기한다면 쉽게 이해할 수 있을 것이다. 철학자가 아무리 떠들어대도 일선의 생명공학자들은 자신들의 연구를 이어나갈 것이다. 아무리 법규정이 까다로워도 잠시 늦춰갈 뿐, 현장 과학연구는 제 갈 길을 갈 것이다.

사실 엄청난 우려의 목소리에도 불구하고 벌써부터 생명복제 연구가 상업화되고 있는 조짐을 부정하기 어렵다. 한국의 어떤 연구자가 이루어낸 줄기세포주의 발견은 참으로 대단한 과학적 성과이기는 하지만, 정식 등록 이후 배아 줄기주 하나에 수십만 달러에 해당하는 연구비를 지원받았다는 소문이 공공연히 회자되고 있다. 그렇지 않아도 사회적 조정장치가 허술하기 짝이 없는 마당에, 이런 유의 소문과 더불어 배아 줄기세포의 수입가격은 더욱더 올라만 갈 것이다.

2001년 8월 미국의 국립보건원(NIH)은 금전적 관계가 없는 배아에 대해서만 정식 등록을 받아준다고 했지만, 생명공학계에서는 금전적 관계가 이미 관심의 대상이 되고 있다. 실험용으로만 배아 줄기주를 하나당 5천 달러에 팔 수 있다는 미국의 어느 성공한 실험실에 대한 소문은 곧 미래의 상업적 교환가치의 근거가 될 것이 뻔하다.

현재 한국에서는 종교·공학·철학·시민·여성계의 전문가들이 참여하여 법안을 마련하고 있는 생명윤리자문위원회라든가 과학기술에 대한 시민의 민주적 참여와 사회적 합의를 목표로 하는 유네스코한국위원회의 합의회의(Consensus Conference)가 중심이 되어 공익성과 민주성, 인류적 존엄성 등을 기준으로 법안 제정에 참여하고 있지만, 전반적인 흐름은 인간보다는 기술과 자본에 치우쳐 있다는 느낌을 지울 수 없다. 생명윤리법 초안 작성을 둘러싸고 과학계와 종교계를 포함한 시민단체들간의 갈등이 첨예하며, 과학기술부와 복지부의 대립의 폭도 매우 크다. 다행히 현재의 법안은 허용보다는 규제의 폭이 크지만, 과학기술계에서는 허용의 분위기가 만연해 있다. 규제보다는 허용의 폭을 넓히려는 자본의 목소리가 만만치 않기 때문이다. 자칫 생명윤리법안이 생명공학육성법안으로 전락할 위험요인이 우리 안에 내재해 있는 것이다.

이와 같이 내재된 위험요인을 없애는 일은 이론적 대안으로는 부족하다. 우리는 지난 한국 현대사에서 충돌의 힘이 문제를 푸는 실마리를 제공해 왔다는 사실을 배울 수 있었다. 이제 중요한 일은 자본과 기술의 관성에 대하여 충돌적 방식으로 지속적인 비판을 가하며 그에 따른 저항을 시도하는 것이다. 우리의 현대사에서 배울 수 있었던 것이 겨우 그것뿐이라는 점이 슬프지만, 과거 군사독재정권에서부터 동강 댐이나 인제 내린천 댐 계획, 또 수많은 노동·환경 관련 사태들에 대한 해결책은 훌륭한 이론도 화려한 대안도 아니었고, 끊임없는 비판과 충돌적 저항이었다. 바로 이런 뭉친 삶의 호흡이 새로운 역사의 결실로 이어져 온 것이다.

　역사는 반복하는 것 같다. 행복의 역사뿐만이 아니라 불행의 역사도 되풀이된다. 그 두려움을 느끼는 정도에 따라 비판과 옹호 사이의 편차가 너무 크다. 물론 이같은 편차는 많은 갈등을 불러일으키기도 하지만, 갈등의 끝이 희망이라는 바람을 버릴 수는 없을 것 같다. 이렇게 우리는 과거의 역사는 둘째 치고라도, 현재의 역사에서도 많은 정신적 혼란을 겪고 있다.

생명복제 반대시위를 벌이고 있는 독일 시민단체의 모습

생명진화의 유전자는
모두 이기적 유전자일까

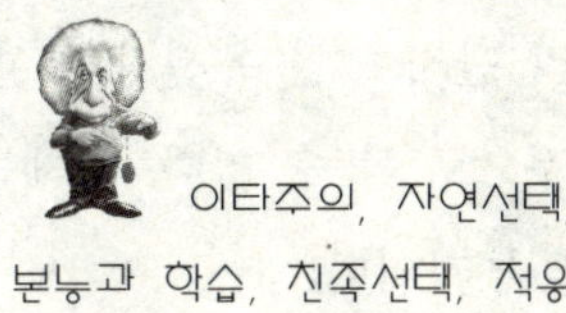

1965년에 노벨 의학상을 수상한 프랑스의 생명과학자 프랑수아 자콥(Francois Jacob)이 쓴 『파리, 생쥐 그리고 인간』이라는 책을 보면 다음과 같은 이야기가 있다.

"강가에서 전갈 한 마리가 강 저편으로 건널 수 있는 길을 찾아 두리번거리고 있었다. 이때 개구리가 나타나자, '네 등 위에 나를 태우고 강을 건네주겠니?' 전갈이 물었다. '내가 미쳤니, 넌 나를 찌르고 말걸.' 개구리가 대답했다. '절대 아니야. 널 찔러서 무슨 소용이 있겠니? 그랬다간 둘 다 빠져죽고 말게. 그리고 보상은 충분히 할게.' 반신반의하면서도 개구리는 등에 전갈을 태운 뒤 강 저편을 향해 헤엄치기 시작하였다. 하지만 물에 들어간 전갈은 개구리를 마구 찔렀다. 죽어가면서 개구리는 물었다. '그런데 너 왜 이런 짓을 했지?' 전갈이 대답했다. '내 천성 탓이지.' 그리고 둘은 물 속으로 가라앉았다."

동물에게서 생물학적 천성에 의한 본능적 행동은 자기가 살아가기 위한 기본적인 생리적 현상이다. 전갈이 개구리를 찌른 행동은 전갈의 자유의지와 관계없이 전갈의 본능적 행위의 결과일 뿐이다. 앞에서 일벌이나 꿀벌의 사회적 행동에 관해 말했지만, 실은 몇몇 동물의 그런 사회적 행동도 개체들 모두가 사회적 의지에 따른 것이 아니라 단지 그들 유전자에 실려 있는 행동정보의 양식에 따라서 행동한 것으로 볼 수 있다. 문제는 이런 상황이 인간에게 어떻게 적용될 수 있는가이다.

1922년 인도 북부 벵골주의 한 마을에서 두 소녀가 태어난 직후 늑대에 의해 양육되다가 구출된 사건이 있었다. 구출될 때의 두 소녀 나이는 여덟 살과 다섯 살쯤으로 추정되었다. 그때까지 두 소녀는 사람을 만나 적이 없었거니와 인간의 문화적 환경에 노출된 적도 없었다. 작은아이는 얼마 못 가서 죽었고, 큰아이는 10년 정도 더 살았다. 하지만 소녀들은 두 다리로 서지도 못했으며 날고기만 먹었고 늑대처럼 네 발로 다니고 그것도 밤에만 활동했다. 물론 말을 못한 것은 당연하다. 키플링의 창작동화에 등장하는 정글소년 모글리와는 전혀 다르게, 결국 늑대소녀들은 인간사회에 적응하지 못하고 죽었다.

이상의 두 가지 예는 본능과 학습이라는, 동물이나 인간의 행동양식에 관한 사례라고 볼 수 있다. 현대 분자유전학이 발전하면서, 생명형태는 유전자 정보에 의존한다는 주장이 설득력을 얻어가고 있다. 그러나 개별 생명체의 행동양식이 전적으로 유전자에 의존한다는 주장에 대해서 왠지 우리는 거부감을 갖는다. 특히 인간의 행동양식은 주어진 유전자에 의한 것이라기보다는 후천적 학습과 반복적 관습에 의해서 형성된다고 보는 쪽이 많기 때문이다.

　언젠가 사람을 졸졸 쫓아다니는 오리새끼들의 그림을 본 적이 있다. 태어나자마자 맨 처음 본 것이 사람인 오리새끼들은 그 사람을 어미로 기억하게 되는 선천적 혹은 본능적인 인식구조를 지니고 있다고 한다. 갓 태어난 새끼양도 태어나자마자 몇 시간 동안 어미와 떼어놓으면 다른 양들과 달리 불안해하거나 비친화적인 이상행동 양식을 보인다는 보고가 있다. 어미는 갓 태어난 양들을 몇 시간 동안 쉬지 않고 핥아주는데, 그렇지 못할 경우 이와 같은 이상행동 양식이 생긴다고 한다. 시각적·화학적으로 어미와 새끼를 접촉하게 하는 초기의 핥는 행위를 가로막았기 때문이라는 것이다.

　그러나 동물의 행동양식에서 선천적 본능과 후천적 학습 중 어느 것이 더 중요하다고 말할 수는 없다. 특히 인간에게서 본능보다 학습을 중시하는 것은 당연하지만, 본능 역시 인간의 행동양식에서 큰 비중을 차지하는 것을 무시할 수 없다.

　문제는 인간에게서 본능이란 주로 물질적·신체적 욕망의 원천에 불과하다는 생각 때문에, 대개 본능을 부정적으로 보아왔다는 사실이다. 이런 통념 때문에 흔히 본능은 이기주의의 원천이요, 이타주의는 후천적인 학습에 의해서만 겨우 훈련될 수 있다는 편견이 지배적이다. 게다가 이같은 편견은 이기주의는 유전적 차원에서 논의될 수 있지만 이타주의는 일종의 사회적 방어기제라는 결론을 유도한다.

　그러나 여기서 말하고자 하는 주요한 내용은 이타주의 역시 유전적 요인에 의해 설명 가능하다는 점이다. 그 근거는 진화의 자연선택이 개체 차원에서만 일어나는 것이 아니라 집단이나 종의 차원에서도 발생할 수 있다는 최근의 진화생물학의 논의에 바탕을 두고 있다.

　대부분의 사람들이 한번쯤은 벌에 쏘여본 경험이 있을 것이다. 나역시 몇 년 전에 말벌에 쏘여서 응급실에 실려가는 지독한 경험을 한 적이 있다. 이렇게 벌은 사람에게 위협적이지만, 꿀벌의 집단에서 볼 때는 더할 나위 없이 숭고한 이타적 행위를 한 것이다. 벌의 침은 끝이 낚싯바늘처럼 되어 있고 안쪽은 자신의 내장과 독액샘에 연결되어 있어서, 한번 쏘면 침이 빠지면서 내장도 함께 빠져버리기 때문에 그 벌은 죽고 만다. 동시에 독액이 뿜어내는 냄새가 다른 벌들을 자극하여 다발적인 공격을 불러일으키고, 그 벌은 다른 벌떼들을 위해 죽음으로써 자신을 희생한다.

　이러한 일벌의 죽음은 개체의 입장에서는 자살이지만, 군집 전체의 입장에서 보면 군집을 지켜주고 여왕벌의 번식에 도움이 되는 이타적인 결과를 가져다준다. 생물체에서 진화의 기준은 자연선택이라는 메커니즘을 따르지만, 그 방향은 후손번식에 도움이 되느냐 아니나에 달려 있다. 그런데 일벌은 탄생 자체가 후손번식과 무관한 무정란의 탄생이며 또 유전자의 손실이 전혀 없어서, 일벌의 존재의미는 말 그대로 일하고 자신을 희생하는 데 있다고 하겠다.

아프리카의 병정 흰개미의 경우는 더 심하다. 이곳 흰개미들은 응고 분비샘에서 나오는 노란 분비액을 복부 근처에 모아놓고, 다른 적을 공격할 때 상대방에게 접촉하여 복부를 강하게 수축시켜 터뜨려서 액을 분출함으로써, 자신과 상대방을 응고시켜 같이 죽어버린다. 이런 흰개미는 자신의 후손번식을 포기하는 대신에 번식력이 뛰어난 자매 흰개미를 보호함으로써 흰개미 전체의 자손을 늘려, 간접적으로 자신과 같은 희생용 흰개미가 늘어날 수 있게 한다.

이와 같이 친족을 통한 간접적인 번식방식을 친족선택이라고 하는데, 이타적 진화를 유발하는 친족선택 역시 생물계 자연선택의 하나로 확인되었을 뿐 아니라 참으로 훌륭한 자연의 선택방식이라 할 수 있다.

대개 작은 새들은 매의 공격으로부터 자신을 보호할 수 있는 직접적인 장치를 갖고 있지 못하다. 오로지 매의 접근을 미리 알아차리고 도망가는 게 최고다. 그렇지만 무리를 이룬 새떼 가운데 모든 새가 다 매가 접근하지 않을까 경계해야 한다면, 아마 새들은 먹이를 제대로 찾아먹을 수가 없을 것이다. 그래서 개중에 어떤 한 마리만 보초를 선다. 최전선에서 보초를 서는 이 새는 매가 다가오면 자기 무리의 새들이 도망갈 수 있도록 경계의 음을 낸다. 하지만 정작 경계를 맡은 이 새는 매에 가장 가깝게 노출되어 있을 뿐더러 경계의 음까지 내느라 매에게 잡아먹힐 확률이 매우 높다. 그럼에도 불구하고 그 새는 자신을 희생하는 이타적 행위를 한다.

　이러한 이타적 사례는 실제로 자연계에서 흔히 찾아볼 수 있다. 물론 포유류 같은 고등동물에게서도 순수한 이타적 행위를 찾아볼 수 있다. 원숭이의 일종인 비비는 암컷을 차지하기 위하여 자신을 희생함으로써 다른 젊은 수컷들이 대장 수컷에 대항하게 한다고 한다. 그리고 어미의 모성애에 의한 이타적 행위는 다른 어떤 동물보다도 포유류에게서 강하게 나타난다. 이런 경우는 대부분 자신의 직계혈통을 지키기 위한 수단으로 표출되는데, 자손증식에 유리한 이타적 행위의 사례는 자연 생물계에서 흔히 나타나고 있는 것이 사실이다.

　생명체의 본능적 이기주의에 관해서는 이미 오래 전부터 논의되어 왔지만, 유전적 이기성에 대한 오해는 다윈의 진화론을 잘못 해석한 데서부터 비롯되었다. 다윈의 진화론은 유전학을 사회현상에 그대로 적용시키려 한 사회생물학의 시초였기 때문이다. 1859년 다윈의 『종의 기원』이 발표되면서 당시 서구사회의 사상적 풍토에 큰 요동이 일어났다. 과학적 진화론이 기독교의 인간관과 정면으로 충돌된다는 것은 누구나 예상할 수 있는 일이었다. 나아가 종교와의 갈등 말고도 다윈의 진화론을 당시 유럽의 사회상을 설명할 새로운 과학 법칙으로 수용하려는 분위기가 팽배해졌다.

　산업혁명 이후 영국을 중심으로 자본시장의 이론적 원천인 자유주의가 자리를 잡아가고 있었다. 이와 더불어 노동착취, 인간소외 등 자본의 피폐성이 점점 노골화되었고, 이를 극복하기 위한 사회주의 운동이 일어나기에 이르렀다. 당시의 자유주의와 사회주의는 그 어느 쪽도 자신의 주의를 뒷받침할 이론적 틀을 완성하지 못한 상황이었던 터라, 그들 나름대로의 이론적 배경을 마련하기 위하여 과학적 법칙성을 찾고자 했다. 이때 마침 다윈의 『종의 기원』이 나온 것이다.

다윈의 진화론은 자연선택과 변이 및 적응주의라는 두 축 위에서 성립된다. 자유주의자들은 자신들의 입지를 합리화하기 위하여 진화론에서 약육강식의 논리를 견강부회로 끌어내었다. 반면에 사회주의자들은 생명종들의 조화론을 끌어내어 자신들의 이론적 무기로 삼았다. 당시 극단적으로 상반된 자유주의자들과 사회주의자들이 동일한 진화론을 각기 자신들의 이론적 근거로 삼았다는 것은 매우 아이러니한 일이 아닐 수 없다. 자유주의자들은 진화론을 해석하면서, 유기체의 자연선택과 적응논리를 자유경쟁체제의 논리적 근거로 보고 싶어했다. 그런가 하면 사회주의자들은 생명종 내의 개체의 이타심이 궁극적으로 그 집단의 존속을 가능하게 하는 강한 원동력이 된다고 생각했으며, 나아가 개체간 조화 가능성의 논리적 근거로 보고자 했다.

한편 중국은 19세기 말 들어 다윈의 진화론을 적극적으로 수용하였다. 당시 중국은 계속되는 전쟁의 패배로 인해 부국강병론이 드높아진 상황이었다. 결국 부국강병론이나 자본주의 시장의 자유경쟁 논리의 배경이 되는 것이 바로 진화론의 자연선택론이다. 다시 말해서 강한 것은 자연선택에 의해 살아남고 약한 것은 자연도태되는, 약육강식이라는 매우 처절한 논리가 중국도 강해져야 한다는 정치논리로 이어졌던 것이다. 이런 경우 내가 살아남기 위하여 네가 죽어야 하는 집단이기주의만이 팽배해질 것은 너무 뻔한 일이다.

그러나 자연선택의 진화과정에서 강한 것만이 살아남는다는 논리만 이야기하는 것은, 다윈의 진화론에 대해 일반인이 갖는 가장 큰 오해이다. 다윈은 일개미의 경우와 아프리카 어떤 종족을 사례로 들면서, 나를 희생시켜 자기가 속한 종족 혹은 개체군집 전체의 자손증식과 종의 존속을 유지시켜 나가는 개체의 이타적 행위를 매우 강조하였다. 그렇다면 인간의 도덕심이나 이타심도 자연선택에 영향을 미칠 수 있다는 것이며, 결국 이타심도 집단의 종족보존에 도움이 되는 결과를 가져다줄 수 있다는 논리로 이어지기도 한다.

최근 이런 이타주의가 과연 무엇인가를 놓고, 진화생물학자들 사이에서 논의가 진행되었다. 예를 들어 먼 훗날 모종의 보상을 바라고 남에게 이타적 행위를 한다면, 그것을 과연 진정한 이타적 행위라고 할 수 있는가 하는 논의이다. 아무리 먼 훗날이라도 보상을 바라고 하는 행위는 절대로 이타적 행위로 볼 수 없다고 할 때, 이타주의는 선천적인 그 무엇이어야 한다.

단기적으로 볼 때, 생명종의 개체들이 이기적일 경우 분명히 자손증식에 더 유리할 수가 있다. 그러나 장기간에 걸쳐 볼 때 오히려 이타적인 것이 자손증식에 더 유리한 경우가 많다. 아주 간단히 생각해서 어떤 공장주가 자신의 이익만 챙겨 오염물질을 마구 방출하면서 공장을 운영한다면 자신과 자신의 자식 정도야 잘살 수 있을지 모르지만, 인간종 전체의 입장에서 볼 때는 종의 존속과 자손증식에 불리해지는 것은 당연하다.

진정한 이타주의는 누구를 위해서 무엇을 바라고 하는 행위가 아니라는 것 정도는 모두 다 알고 있다. 누구를 위해서가 아닌 행위 그리고 무엇을 바라서가 아닌 행위는 그 자체로 서양적 잣대의 윤리적인 틀조차도 벗어나 있다. 윤리라는 틀도 역시 세간의 편견에서 나온 규범이기 때문이다.

선진유가의 텍스트는 그 첫 장에서 인간의 욕심을 버리라고 했다. 그리고 나서 그 다음 장에서는 욕심을 버려야 된다는 욕심을 가져야 한다고 씌어져 있다. 불교의 첫 장에서도 마찬가지로 욕심을 버려야 한다고 씌어져 있는데, 그러나 다음 장에서는 인간의 욕심을 버려야 된다는 그런 욕심조차도 버려야 한다고 했다.

이렇게 규범화된 윤리조차도 벗어나는 일, 무심의 이타성만이 진정으로 인류의 진화에 선택될 수 있다고 보는 것이다. 본능적 이타성은 이론적으로 계산된 이타성이 아니라 몸으로 하는 자연스런 이타성이기 때문에 인간종의 진화에 훨씬 높은 적응력을 가질 수 있다.

예를 들어 선진유가에서 인(仁)을 풀이할 때 나오는 이야기가 있다. 아무리 흉악한 사람이라도 곧 우물에 빠질 상황에 놓여 있는 걸음마 아기를 본능적으로 구하는 행동을 보인다는 것이다. 이 이야기를 통해서 사람이 본능적으로 지니는 인을 설명한다. 우리는 그런 본능을 선천적이라고 한다.

선악의 대립구도에서 인간의 본능은 항상 악의 원천으로 치부되어 왔다. 그러나 본능 그 자체는 윤리적인 것과 무관하다. 단지 본능이 원하는 존재의 욕구가 도덕윤리의 필터를 거쳐야 할 뿐이다. 결국 우리는 인간의 본능을 선악구도에서 탈출시켜야 한다. 그래야만 이기적 모습만이 아닌 이타주의적 본능을 진화론적 생물학의 범주에서 찾을 수 있다.

4

우주와 물질에
대한 존재론적 질문

유한한 인간이 무한한
우주를 어떻게 알 수 있을까

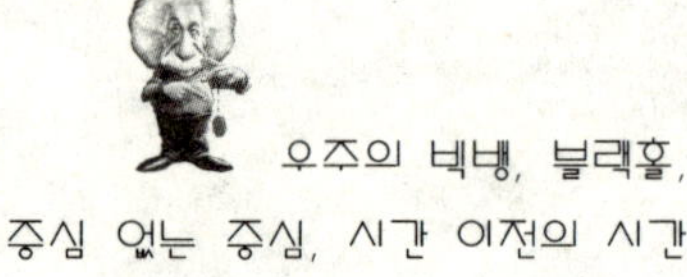

진공청소기는 압력의 차이를 이용해 인위적으로 강한 흡입력을 만들어내서 쓰레기를 안으로 빨아들인다. 이와 비슷한 원리로, 지구 상의 모든 물체들은 중력에 의한 압력차이가 있어서 땅을 향해 떨어지기도 한다. 달의 중력은 지구의 1/6밖에 안 되므로, 달 표면의 물체들은 지구 가속도의 1/6 정도밖에 안 되는 중력 가속도로 달 표면으로 떨어진다. 그리고 물체를 표면으로 떨어뜨리게 하는 달의 중력권 범위도 달의 지름에 비례하여 지구의 1/6밖에 안 될 것이다.

그렇다면 만약 지구의 10만 배나 되는 중력이 작용하는 행성이 있다면, 그 행성의 중력권 범위는 그 행성의 지름에 비례하여 지구보다 10만 배 더 크고, 거기서 떨어지는 물체의 가속도 또한 10만 배 빠르리라는 것을 대충 짐작할 수 있다.

우주에는 초신성이라는 것이 있다. 초신성은, 적어도 태양 질량의 10배 이상 되는 별이 그 수명을 다하고 죽어가는 일종의 대폭발이다.

대폭발, 다시 말해 빅뱅을 하면서 그 별은 중성자별과 블랙홀이라는 잔해로 변한다. 중성자별은 반지름이 약 10킬로미터밖에 안 되지만, 중력은 지구의 1천억 배나 된다.

중력이 1천억 배라는 말은 지구보다 1천억 배 더 높은 중력권의 범위를 가지며, 동시에 1천억 배 빠른 가속도로 물체를 중성자별 표면으로 흡입한다는 것을 의미한다. 1천억 배의 중력이라는 것은 말이 그렇지 상상을 초월하는 흡입력이다. 아마 그 중성자별 근처를 지나는 별똥별이나 아주 작은 우주 먼지까지도 남김없이 빨아들이는 어마어마한 흡입력을 가진 진공청소기에 비유할 수 있을 것이다.

그런데 블랙홀은 중성자별보다 중력이 훨씬 강해서 빛까지도 빨아들이는 일종의 초고밀도 별이라고 할 수 있다. 한 가지 예를 들어보자. 고무풍선이 바람을 자꾸 받아들이기만 하고 내보내지 않는다면, 우리는 이런 고무풍선의 모양을 두 가지 형태로 생각할 수 있다. 하나는 고무풍선이 늘어나 점점 더 커지는 경우와, 또 하나는 고무풍선 표면이 단단하여 늘어나지는 않지만 그 안의 공기밀도가 엄청나게 커지는 경우이다. 이 가운데 블랙홀은 후자의 경우와 유사하다.

그래서 우리가 관찰할 수 있는 은하계 범위 안의 우주 블랙홀은 빛까지도 흡입하는 강력한 중력으로 질량을 가진 모든 물질을 흡입함으로써 크기는 작아도 밀도는 점점 더 높게, 어쩌면 무한한 밀도로 진화하게 된다.

1997년 12월에 이탈리아와 네덜란드가 함께 쏘아올린 위성 베포삭스가 일회적으로 관측한 우주 감마선은 블랙홀의 존재를 확인시켜 주는 중요한 계기가 되었다. 지구표면에서는 관측할 수 없고 우주공간에서만 관측이 가능한 이 우주 감마선이 지니는 의미는, 초신성의

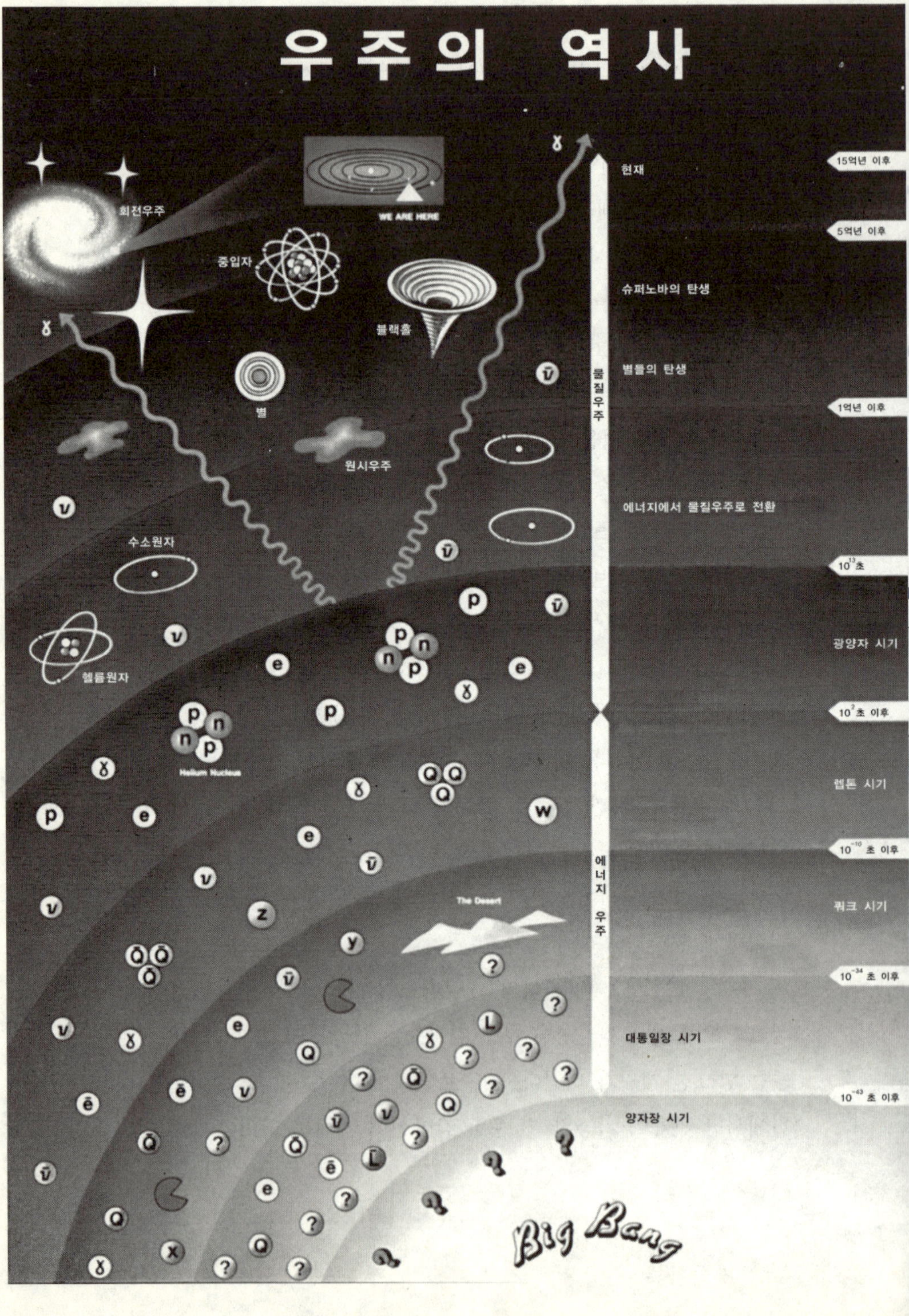

우주의 역사

현재

15억년 이후

5억년 이후

슈퍼노바의 탄생

별들의 탄생

1억년 이후

에너지에서 물질우주로 전환

10^{13}초

광양자 시기

10^2초 이후

렙톤 시기

10^{-10}초 이후

쿼크 시기

10^{-34}초 이후

대통일장 시기

10^{-43}초 이후

양자장 시기

물질우주

에너지 우주

회전우주

WE ARE HERE

중입자

블랙홀

별

원시우주

수소원자

헬륨원자

Helium Nucleus

The Desert

Big Bang

대폭발에서 생기는 에너지 방출량을 가지고는 도저히 설명할 수 없는 블랙홀의 존재를 추정할 수 있게 해주었다는 데 있다.

블랙홀은 중성자별과 달리, 폭발하여 에너지를 방출하는 것이 아니라 자기 안으로 급속히 빨아들여 거대한 중력 에너지를 만들어낸다. 빨아들이는 흡입력이 너무도 강하고 속도가 빨라서, 이때 빨려들어가지 못한 많은 고온가스가 확산되어 주변의 우주가스와 충돌함으로써, 막대한 충격파가 광속의 속도로 형성되기도 한다. 관측한 일회성의 감마선은 그때 나오는 에너지에 의한 것이라고 추정되고 있다.

이렇게 초신성이 폭발하면서 물질들이 한 점으로 수축하여 블랙홀이 되는데, 우주에는 이와 같은 블랙홀이 수없이 많이 형성되고 있다고 천체물리학자들은 생각하고 있다. 블랙홀의 존재는 비록 완전히 확인된 것은 아니지만, 우리 지구인간에게 우주의 범위가 단순히 인간이 관측 가능한 공간에 국한된 것이 아님을 말해 준다.

최근 들어 영국의 휠체어 물리학자 스티븐 호킹은 질량을 빨아들이기만 하고 내뱉지 않는 우주의 기이한 현상에 관해 언급했다. 물론 이 발언은 가설적인 상황에 머물고 있지만, 너무나 상식적이고 지극히 당연한 엔트로피 증가의 세계 법칙에 위배된다. 무슨 말인가 하면, 시간이 앞으로만 흘러가고 모든 물질계는 무질서가 증가하는 방향으로만 변화한다는 열역학 제2법칙, 즉 엔트로피 증가의 법칙을 뒤집어엎는 것으로 이해될 수 있다.

이런 역전이 가능하려면 시간이 거꾸로 흘러갈 수 있어야 하는데, 시간이 거꾸로 흐른다는 것은 빛보다 빠른 속도를 설정하는 반(反)물리적 법칙이라는 가정이 요구됨을 뜻한다. 게다가 이 가정은 호킹이 제시한 웜홀(worm hole)의 존재를 통해서 새로운 물리법칙으로서의 지위를 얻을 수도 있다는 의미까지 지닌다. 웜홀이란 쉽게 말해서 모든 에너지를 흡수하는 블랙홀에 어딘가 에너지를 방출하는 통로가 있다고 가정하고, 그러한 상상의 통로를 상징적으로 표현한 것이다. 이 웜홀을 통해서 마치 공상과학영화의 한 장면처럼 지금의 우주와 전혀 다른 물리법칙이 적용되는 또 하나의 우주에 다다를 수 있다는 것이다.

이 모든 것과 관련하여 제대로 판명된 것은 없지만, 우주는 지구가 위치해 있는 한 모퉁이의 우주 모습대로만 존재하는 것은 아닐 것이라는 생각에는 대부분의 천체물리학자들이 공감하고 있다. 또한 우주는 모든 행성의 탄생조건에 따라 다른 우주의 모습으로 나타날 것이라고 천체물리학자들은 공통적으로 말한다. 결국 우리가 보는 우주는 한 개의 바늘 끝에 붙어 있는 수억 개의 별세계 중의 하나보다도 작을 수 있다는 뜻이다.

이처럼 우주는 무한하다. 인간의 논리를 넘어서며, 인간의 사유를 넘어서며, 인간의 상상력까지도 넘어선다. 지구가 속해 있는 태양계 같은 것이 4천억 개 이상 모여 우리 은하계를 구성한다고 한다. 그리고 이런 은하계가 우주에만 1조 개가 넘게 있다고 한다. 이토록 헤아리기 어려운 숫자 이상을 품고 있을 만큼 우주는 무한하다.

그런데 우주는 원래 그렇게 무한한 것이었는지 질문하고 싶은 마음이 굴뚝같다. 우주의 나이는 100억 년에서 200억년 정도 된다고 한다. 그 중간쯤 잡아서 150억 년이라고 말해도 좋다. 150억년 전에 우주의 대폭발이 일어나, 초기 10~12초 동안은 원자핵이 형성되기 이전인 수프 상태의 모습이었다. 그후 100초 동안 현재 우주가 품고 있

블랙홀의 상상도

는 많은 규모들이 만들어졌다. 그리고 나머지 150억년 동안 생명이 존재하는 오늘의 우주로까지 진화하였다.

흔히 우리는 진화의 처음이 무엇이었을까 하는 궁금증을 갖곤 한다. 또 진화가 아니라 최초의 창조라면 그 창조의 처음은 무엇이었을까, 그리고 창조 이전은 무엇이었을까 하는 물음들이 꼬리에 꼬리를 물고 이어지기도 한다.

1960년대 말에 특이점의 정리를 내놓은 스티븐 호킹은, 특이점이 작동하는 대폭발의 시간과 함께 우주의 시간이 시작되었다고 보았다. 그러면 특이점 이전의 시간은 무엇일까? 시작 이전의 시간이 무엇일까라는 물음은 그 자체가 원래 성립될 수 없는 질문이라는 것이 바로 그 답이다.

아우구스티누스의 『고백록』을 보면 신의 창조 이전의 시간이 무엇인지 묻는 내용이 나온다. 그때 아우구스티누스는 질문 자체가 어리석은 질문이라고 말하고 있을 따름이다. 이렇게 보면 아담동산에 있는 나무를 자르면 그 나무에 나이테가 있는지 혹은 아담은 배꼽을 가지고 있는지 묻는 것도 같은 맥락이다.

그러나 호킹이 말하는 특이점 이전의 시간과 기독교에서 말하는 창조 이전의 시간은 그 개념이 전혀 다르다. 왜냐하면 호킹의 대폭발 이전의 시간은 지금과 같이 앞으로만 나아가는 화살의 시간이 아니라 다른 방향의 시간화살이 존재할 수도 있다는 것을 시사하며, 창조론에서 말하는 창조 이전의 시간은 아예 있을 수 없다는 의미이기 때문이다.

이렇게 되면 결국 시간의 절대성은 무의미하며, 시간은 현상 속의 시간일 뿐이다. 그래서 시간의 흐름은 사물과 함께한다. 사물의 흐름에서 절대적 기준을 찾을 수 없으며, 시간 역시 상대적이다. 이런 의미에서 시간의 시작은 존재하지 않는다. 물론 시간의 끝도 없다.

우주가 무한하다는 것을 달리 표현하면 우주의 중심이 없다는 뜻과 같다. 반대로 그 어디든 우주의 중심이 된다고 말해도 된다. 중심이 없으면서 동시에 그 어디라도 중심이 될 수 있는 우주 말이다. 그래서 자아라는 존재도 우주의 한 티끌에 지나지 않지만, 동시에 그 작은 티끌이 뿜어내는 과학적 상상력 속에 모든 우주가 포함될 수도 있다. 이렇게 내 안에 우주의 중심이 도사리고 있는지도 모를 일이다.

마찬가지로 시간에도 중심이 없다. 그래서 그 끝과 시작이란 없다. 언제부터인지 언제까지인지 원래부터 모를 일이다. 다만 그 무엇이 옷을 바꿔입고 나타날 뿐이다. 또 시간의 처음과 끝이 한 순간에 되살아날 수도 있다. 작은 꽃잎 끝에 맺혀 있는 조그마한 이슬방울들 하나하나가 모두 하늘의 빛나는 태양을 머금고 있듯이 말이다.

보이는 물질은 우주를
어느 만큼 차지하고 있을까

태양 주위를 돌고 있는 지구는 어떻게 태양에 달라붙지도 않고 멀리 도망가지도 않으며 일정한 궤도를 항상 유지하고 있는지, 가만히 생각해 보면 굉장히 신기한 일이다. 만유인력의 법칙에 따라 태양과 지구가 일정한 궤도를 유지하고 있다지만, 만유인력이라는 과학법칙 자체가 우리의 궁금증을 완전히 풀어주는 것은 아니다.

어쨌든 질량을 가진 물질들이 있다면 그들 사이에 어떤 힘이 작용한다는 것은 분명한 사실이다. 그 어떤 힘은 인력과 척력으로 설명할 수 있다. 인력은 물질들 사이에서 서로 끌어당기는 힘이고, 척력은 서로 미는 힘이다. 물체들 사이의 거리가 짧으면, 그들 사이에서는 인력이 작용할 것이다.

우주공간에서의 이런 힘을 우주중력이라고 한다. 우주중력은 우주에 흩어져 있는 별이나 미세한 우주입자와 같은 물질에 힘을 미친다. 이 힘은 따로 존재하는 것이 아니고, 물질들과 함께 그리고 물질

로부터 발생되는 힘이다. 물질이 먼저 존재하고 그 물질이 다른 물질
에 대하여 인력을 방사하는 것이 아니라, 두 개 이상의 물질이 존재
한다는 것은 동시적으로 그들 사이에 힘이 존재한다는 의미를 가진
다. 그 물질들의 존재는 원천적으로 힘의 상호관계를 내포한다. 그래
서 물질과 힘은 하나이다.

우주 안에 A, B, C라는 행성들이 모여 있다고 생각해 보자. A와
C 사이에 인력이 작용하고 있으며, 동시에 B와 A 사이에도 인력이
작용하고 있다. 이 경우 C가 B를 끌어당기는 인력이 A가 B를 끌어
당기는 인력보다 크다면, B는 C로 다가가 충돌해 버리고 말 것이다.
그리고 그 반대라면 B는 A 쪽으로 충돌하고 말 것이다. 그런데 서로
의 거리에 비례해서 B를 중심으로 양쪽의 인력이 평형을 이루고 있
다면, B는 일정한 위치에서 인력의 적절한 비례관계를 유지한 채 제
자리를 차지하고 있을 것이다.

지구의 예를 다시 한번 들어보자. 만약 지구가 궤도를 벗어나 태
양 쪽으로 조금만 기울어지게 된다면, 지구는 여지없이 태양 인력에
끌려 태양과 충돌해 버리고 말 것이다. 마찬가지로 지구가 궤도에서
태양 바깥쪽으로 조금이라도 벗어난다면, 태양계의 미아가 되고 말
것이다. 같은 맥락에서 질량을 가진 물질들이 어느 일정한 공간 안에
서로 모여 있다면, 그들 사이에 인력이 작용하여 마침내 그 모두가
충돌하여 하나로 모아지게 될 것이다. 반대로 질량을 가진 물질들이
너무 멀리 떨어져 있다면, 그들은 모두 서로 더 떨어지게 되어 끝내
는 분산되고 말 것이다.

이런 생각을 은하계가 모여 있는 우주공간에 적용해 본다면, 우리
의 우주가 확산될 것인지 아니면 축소될 것인지를 유추해 낼 수 있

다. 별들이 서로 모여 있다면 은하계는 점점 축소될 것이고, 별들이 너무 떨어져 있다면 은하계는 확산될 것이다.

그런데 문제는 여기서 생긴다. 왜냐하면 우리 우주공간 안에는 질량을 가진 물질이라는 것이 별들만 있는 것이 아니기 때문이다. 눈에 보이는 별들만이 이 우주를 구성하는 것이 아니라, 보이지 않는 또 다른 형태의 미세물질들이 존재해야만 우주의 평형상태를 설명할 수 있게 되는 것이다.

그런데 미세물질들은 질량이 너무 작아서 비록 그 하나하나는 큰 힘을 미치지 못한다 해도, 분포된 상태에 따라서 미세물질들의 작은 힘의 합이 큰 힘이 되어 A나 B, C가 모여 있는 공간과는 반대되는 바깥쪽 방향으로 튕겨져 나갈 수도 있을 것이다. 그렇게 되면 물질들의 간격은 점점 더 벌어지게 될 것이다. 혹은 그와 반대로 B를 중심으로 A와 C 사이에 미세한 작은 물질들이 무수히 끼여들어 있다면 그들 사이에 인력이 작용하여 세 개의 물체는 끝내 충돌하여 하나로 합쳐질 수도 있음을 상상할 수 있다.

이런 가상의 예는 실제로 우주공간에서 인류의 시간을 초월한 아주 긴 시간에 걸쳐 벌어질 수 있는 상황이기도 하다. 결국 뉴트리노라 불리는 중성미자와 같은 미세물질들이 우주에 존재한다면, 그 물질들이 어디에 위치하고 또 밀도가 얼마나 되는가에 따라서 우주가 팽창하느냐 아니면 축소하느냐 하는 우주의 진화론적 역사가 바뀔 수 있다.

그렇다면 이런 미세물질이 실제로 존재하는가 하는 물음을 던져야 한다. 그것을 천체물리학자들은 암흑물질(dark matter)이라고 부른다.

뉴트리노 검측장치

　얼토당토않게 암흑물질이란 존재가 왜 필요할까? 미국 캘리포니아공대의 츠비키 교수는 머리털자리 은하단을 조사하던 중, 은하가 따로따로 흩어지는 운동을 하고 있다는 사실을 알게 되었다. 그렇게 운동해 왔다면 우주가 진화해 온 150억년 동안 은하는 제멋대로 흩어져 버려서, 그 은하는 존재하지 않았을 것이다. 그러나 보다시피 오늘의 우주는 은하단을 이루고 있다. 결국 츠비키는 은하의 별들이 아닌 어떤 물질이 대량으로 존재하여 그 물질들이 은하단을 뭉치게 하는 인력을 방사했다는 추론을 내어놓았다. 이것이 바로 암흑물질이라 불리는 극미세 물질 개념의 시초이다.

　츠비키 교수는 우리의 은하단이 우주공간 안에서 자체 회전하면서도 유지할 수 있는 동력학적 평형상태를 설명하려고 했는데, 존재하는 별들만 갖고서는 도저히 그것을 설명할 수 없었다. 그래서 그는 별들말고도 다른 존재방식의 질량을 가진 물질이 반드시 존재해야

178

한다는 결론을 내렸다. 마침내 70년대 말에 젊은 우주물리학자 루빈이 나선은하 속도를 관찰하는 데 성공함으로써 츠비키의 가설은 확인되었다. 그리고 이런 물질을 암흑물질이라고 명명하였다.

그런데 이런 물질들의 질량의 합은 우주 전체 질량의 90%가 되어야 한다고 말한다. 결국 우리가 (원리적으로) 볼 수 있는 우주의 물질은 전체의 1/10에 지나지 않는 아주 작은 부분이다. 지금까지 천문학은 그 1/10의 우주에 매달렸던 것이다.

이제는 더 큰 우주의 물질인 9/10의 우주를 볼 수 있는 우주의 눈을 가져야 하는 것은 너무 당연하다. 1995년 텔아비브대학의 골드위스 교수는 우주 대폭발 이후 이제까지 우주에 존재하는 헬륨의 양을 과소평가하고 있었다는 해석결과를 발표하였다. 그 결과에 의하면, 암흑물질은 우리가 알고 있는 우주물질의 최소한 10배 이상이 되어야 현재 우주의 이동현상을 설명할 수 있다고 한다.

그렇다면 현재 우주의 질량분포도에서 암흑물질이 90% 이상을 차지하고 있다는 말이 된다. 그리고 암흑물질의 존재량에 따라서 우주밀도가 달라질 것이고, 우주밀도를 결정하는 암흑물질의 양과 분포도에 따라서 우주가 팽창할 것인지 아니면 수축하게 될 것인지가 결정될 것이다.

한마디로 우주밀도가 수축 임계치보다 클 때는 우주가 팽창하다가 나중에는 수축으로 돌아설 것이며, 우주밀도가 수축 임계치보다 작을 때는 계속 팽창할 것이다. 암흑물질의 밀도의 차이에 따라서, 다시 말해 암흑물질이 일정 공간에 몰려 있다면 우주는 축소하고 말 것이며, 널리 퍼져 있다면 우주는 확산하게 될 것이다.

그렇다면 암흑물질을 도대체 어디서 어떻게 인식할 수 있을까?

암흑물질은 보이지 않지만, 우리 우주의 진화론적 형성과정을 결정하는 최대변수이다. 원리적으로 보이는 것보다는 보이지 않는 암흑물질이 우주진화에 더 결정적인 역할을 한다는 사실은 당장 보이는 것에만 매달려 기존 인과의 틀에서 벗어나지 못하는 인간의 인식구조에 엄청난 충격일 수 있다.

암흑물질은 따로 존재하는 것이 아니라 우주 전체에 퍼져 있어, 바로 내가 있는 이 땅에도 암흑물질이 존재의 모든 것을 지배하고 있는지도 모르는 일이다. 암흑물질이 존재를 지배한다는 말은 현재의 물리적 인과율로는 설명할 수 없는 우주적 인과율이 숨겨져 있다는 뜻과 같다. 내 눈에 보이는 경험적인 존재들 혹은 인간의 사유로부터 창출된 형이상학적 존재들 모두를 지배하는 기존의 인과율은 새로운 우주적 관점을 필요로 할지 모른다. 그렇다고 해서 형이상학적인 전제가 깔려 있는 인과율을 말하려는 것은 아니다. 다만 현재의 인과율적 과학범주에서 해결하기 어려운 우주적 변수들을 무시할 수 없다는 뜻이다.

예를 들어보자. 오늘날 뉴턴의 만유인력법칙처럼 우주적 힘을 다루는 방식은 현존하는 인과율을 따른다. 만유인력의 법칙은 오로지 두 물체 사이의 힘의 관계만 다룰 수 있다. 이를 물리학에서는 이체문제(二體問題, two-body problems)라고 부른다. 만유인력의 법칙은 거리의 제곱에 반비례하고, 두 행성의 질량곱에 비례하는 관계식으로 기술된다($F = G\frac{m_1 \cdot m_2}{r^2}$). 따라서 행성이 세 개 이상이 되면 만유인력의 법칙으로 계산할 수 없다. 그 이유는 단지 복잡하다는 데 있다. 네 개, 다섯 개로 가면 너무 복잡해서 문제의 답이 계산될 수가 없다. 그래서 만유인력법칙은 다체문제(多體問題)가 아니라 이체문제에

회전우주

국한된다고 말하는 것이다.

그러나 실제로 우주에는 문제가 되는 두 개의 행성만 존재하는 것이 아니라 그 주변에 멀리 떨어져 있어서 비록 힘은 미약하지만 무수히 많은 행성들의 인력이 존재한다. 우리는 이런 미약한 힘들을 마치 없는 것인 양 무시하고 오로지 두 개의 물체만 있는 것처럼 상정하여 계산을 한다. 이런 계산방식을 어려운 용어를 사용하여 과학의 이상화(idealization)라고 말한다.

하지만 분명히 우주에는 두 행성만 존재하는 것이 아니라, 많은 행성들과 무수히 많은 미세물질들이 존재하며 그 힘들은 아주 미약하지만 계산하고자 하는 두 물체 사이에 힘을 미치고 있음을 부정할 수 없다. 따라서 그런 미약한 힘들까지도 계산의 변수로 추가해야만 더욱 정밀한 우주 인과율을 기술할 수 있을 것이다.

다시 말해서 행성 A와 행성 B 사이에 미치는 힘의 관계를 두 물체만의 만유인력으로써 설명하고자 했던 기존의 시도는, 이제 A와 B 사이에서 보이지 않던 무수히 많은 외부물질에 의한 미세한 힘의 관계들을 고려하는 전혀 새로운 존재방식의 문제풀이로 바뀌어야 한다. 물론 당장은 어렵겠지만 말이다. A와 B가 독립적이 아닌, 그 연결의 존재방식으로 만유인력의 문제를 풀어야 할지도 모르는 노릇이다. 이런 상황을 우주적 인과율이라고 말한 것이지, 애매한 형이상학적 상황을 고려한 것이 아니라는 점을 분명히 해야 한다.

마찬가지로 나의 존재는 나 아닌 다른 존재와의 관계에서 벗어날수 없을 것이다. 그러면 나 아닌 타자의 존재는 과연 무엇인가? 내가 속한 가계의 선조와 친지들, 내가 속한 사회의 친구들과 이익집단의 구성원들만이 나 아닌 타자의 모두인가를 되짚어보아야 한다. 그러다 보면 비로소 저 산 위의 상수리나무, 아무 말 없이 흐르는 개울 속의 돌멩이들, 몇십 년 만에 처음 내리는 눈이라고 아우성치는 소담스런 눈송이들, 모두 나 아닌 타자의 범주임을 알게 될 것이다.

나아가 책상 위에 쌓이는 먼지와 들에 피어 아무도 보지 않는 꽃대에 붙은 잔털들, 맑게 갠 하늘에서 내려오는 햇살들 모두 타자의 한 구성원이다. 그것말고도 내가 볼 수도 알 수도 없는 무수히 많은, 오히려 내가 아는 것은 아주 작은 구석에 지나지 않는 그런 삶의 암흑물질들 모두가 나와 존재를 공유하는 우주적 관계의 실타래들이다.

생성과 소멸,
있음과 없음은 무엇이 다른가

$E=mc^2$, 에너지 보존법칙,
에너지 교환, 유와 무의 포섭적 전환관계

아인슈타인의 $E=mc^2$이라는 자연법칙의 공식이 있다. 누구나 한 번쯤은 들어보았을 것이다. 이 $E=mc^2$은 단순한 물리공식에 그치는 것이 아니라, 자연계의 물질과 에너지는 물리적으로 등가여서 질량을 가진 모든 물질은 에너지로 전환될 수 있다는, 인간이 찾아낸 최고의 자연법칙 가운데 하나이다. 예를 들어 활자로 찍혀 있는 마침표 하나에도 은하계에 있는 별들보다 더 많은 수의 양성자가 들어 있는데, $E=mc^2$에 의하면 그런 양성자 하나의 1/5에 해당하는 질량이 200MeV 에너지에 해당한다.

그렇다면 이론적으로는 이 책의 다섯 쪽 분량에 해당하는 질량만으로도 전세계 인구가 사용할 수 있는 에너지를 낼 수 있다는 계산이 어림잡아 나오게 된다. 물론 모든 물질이 에너지로 전환되는 것은 아니다. 고도로 불안정한 상태의 우라늄이나 플루토늄같이 질량값이 큰 원자만이 아인슈타인의 공식을 현실에서 응용하는 데 쓰일 뿐이다.

그런데 이 공식이 나오게 된 이론적 배경이 흥미롭다. $E=mc^2$이라는 아인슈타인의 공식은 질량이 에너지로 전환된다는 것뿐만이 아니라, 에너지가 질량으로 전환될 수 있다는 뜻도 포함하고 있다. 그래서 이를 질량과 에너지의 등가법칙이라고 말한다. 질량과 에너지는 하나이고, 가시적인 물질과 비가시적인 에너지가 하나라는 것이다. 이러한 생각은 사실 아인슈타인이 등장하기 200년 전에 이미 라부아지에(A. L. Lavoisier)라는 화학자에 의해서 형성되었다. 이것이 바로 에너지 보존법칙이라는 것이다.

라부아지에는 20년 동안 하루 6시간 이상을 금속의 녹이 생겨나는 실험관찰에 몰두하면서, 에너지가 보존된다는 생각을 확고하게 굳혔다. 그는 폐쇄된 공간 안에서 녹이 슬기 이전의 금속과 녹이 난 후의 금속의 질량을 정밀한 저울을 이용해서 비교하였다. 녹이 스는 현상

라부아지에(1743~94, 왼쪽)와 $E=mc^2$

은 금속 산화현상으로서 일종의 화학반응이다. 금속이 녹이 슬면 슬수록 원래 금속의 질량은 당연히 줄어들 것이다. 그러나 녹이 슬면서 나오는 산화열을 고려하고, 녹의 질량 그리고 남아 있는 금속의 질량을 합하면 원래의 금속질량과 같다는 실험값을 얻어내었다. 이리하여 마침내 라부아지에는 화학반응 이전과 반응과정 이후의 전체 질량의 값은 같다는 결론을 내렸다.

아인슈타인은 이런 라부아지에의 생각을 이어받았고, 에너지가 보존되는 체계를 실험실 안에서 이루어지는 폐쇄된 체계가 아니라, 광대한 우주영역에 펼쳐놓았던 것이다.

에너지 보존법칙은 우주에 존재하는 모든 물질 에너지는 없어지거나 새로이 생성되는 것 없이, 그 전체 총량이 일정하다는 것이다. 그래서 내가 아는 물질체계에서 물질이 없어졌다는 것은 실제로는 없어진 것이 아니라 다른 물질체계로 옮겨간 것일 뿐이며, 새로이 생겼다는 것은 다른 체계에서 옮겨온 것일 뿐이다. 그런데 이 전이과정에서 물질이 전이되는 형태는 가시적이고 부피를 지닌 질량물질의 형태가 아니라 에너지 형태를 띠게 된다. 그래서 에너지 보존법칙이라고 말한다.

이때 에너지 총량이 보존되는 체계는 국지적인 체계가 아니라 우주 총합적인 전체 체계를 말한다. 그러나 우리는 우주 총합적인 전체 체계가 어디까지인지 그리고 얼마나 큰지를 알지 못한다. 우주의 크기를 모르고 있기 때문이다. 그래서 우리는 우리가 살고 있는 이 작은 지구체계 속에서 생성과 소멸을 말하고 있지만, 전체 우주계의 차원에서 본다면 생성되는 것도 없고 소멸되는 것도 없다.

장작이 타서 없어진다고 말하지만, 원래의 장작과 장작이 타면서 발생하는 열과 재 그리고 남은 숯의 에너지를 합하면 원래 장작의 잠재에너지 값과 같아진다. 화려하게 살았던 황제의 몸뚱이도 죽지 않는 것이 없으며, 죽으면 썩을 뿐이다. 사람이 죽어 썩으면 그 사람이 없어졌다고 말하지만, 그 사람의 원래 에너지의 값과 썩으면서 생긴 산화열 그리고 그 살을 파먹은 벌레와 곰팡이의 신진대사 에너지 등을 모두 합하면 원래의 사람 에너지와 같아진다.

썩고, (요구르트가) 발효하고, (식혜가) 삭고, (메주가) 띄워지고, 곰팡이 나고, 녹슬고, 불에 타고, $E=mc^2$의 과정을 통해 핵분열을 하는 등등은 모두 동일한 자연의 현상이며 단지 산화하는 속도의 차이가 있을 뿐이다(물론 핵분열 과정은 좁은 의미의 산화과정이 아니다). 이런 현상이 폐쇄계에서 일어날 때, 물질이 전환되거나 소멸한다고 말하기도 한다. 그러나 따지고 보면 이런 전환과 소멸은 단지 에너지의 전이현상에 지나지 않는다.

결국 에너지의 입장에서 본다면, 모든 물질세계는 생성되는 것도 없고 소멸되는 것도 없다. 다만 다양한 물질의 옷을 갈아입고 나타나는 우주연극의 배우들일 뿐이다. 그래서 우리가 우주라는 극장객석에 앉아 있을 수 있다면, 생성과 소멸에서 오는 인간의 집착이라는 색안경을 벗어버릴 수 있을지도 모른다.

이렇게 생성과 소멸은 같은 물질이 전이되는 과정의 양면일 뿐이다. 물리화학에서는 이를 간단히 '상태변이'라고 말한다. 그래서 물질의 있음과 없음은 단순한 전이의 언어일 뿐, 존재를 가름하는 결정적인 다름이 아니다. 없다는 것은 아마도 있음들이 서로 상쇄되어 마치 없는 것처럼 보이는 그런 현상적인 것인지도 모른다.

예를 들어 설명해 보기로 하자. 먼저 팽팽하게 긴장된 수평을 유지한 채 흔들리지 않는 수평 막대저울이 있다고 치자.

▲

　이런 수평관계에서 왼쪽에 아주 작은 먼지라도 쌓이면 막대는 그
쪽으로 기울어질 것이다. 그러면 얼른 오른쪽에 그 먼지질량에 해당
하는 추를 얹어놓아 수평을 유지시키려 할 것이라고 가정해 보자. 그
런데 너무 무거웠는지 다시 오른쪽이 기울어졌다. 그럼 또다시 왼쪽
에 적당한 크기의 추를 올려놓아 수평을 맞추려고 한다. 이렇게 수평
막대는 계속 아래위로 움직이겠지만, 여전히 그 수평을 깨지는 않고
있다. 즉 한쪽 막대가 땅에 닿지 않는 한, 수평막대가 계속 흔들거려
도 수평은 수평이라는 말이다.

　이와 같이 수평은 두 가지가 있다. 하나는 앞엣것처럼 흔들리지
않고 긴장을 유지하는 수평과 뒤엣것처럼 조금씩 요동이 있지만 여
전히 수평을 유지하는 흔들리는 수평이다. 앞의 수평을 우리는 이상
(理想)상태의 수평이라고 한다. 그런데 일체의 흔들림이 없던 이상
적 수평은 먼지와 같은 아주 작은 외부간섭으로부터 비롯되는 요동
에 의해, 양쪽 수평막대 끝에서 위치에너지와 운동에너지를 끊임없
이 발생시킨다. 수평막대의 위아래 요동은 물리적으로 말한다면, 위
치에너지와 운동에너지의 교환이라 말할 수 있다.

　다시 말해 요동하지만 일시적으로 수평을 유지하는 한쪽 끝에서
볼 때, 위치에너지와 운동에너지는 서로 교환이 된다. 쉽게 말해서

합이 영(0)이라는 뜻이다.

그렇지만 에너지가 일단 발생했다는 점에서 에너지는 요동하면
할수록 계속해서 무한히 늘어만 간다. 다른 쪽 끝에서도 마찬가지이
다. 결국 한쪽 수평막대가 한번 진동하면서도 아슬아슬한 수평을 유
지한다면, 무에서부터 수사적인 차원에서 4배수의 양(＋)의 에너지
가 발생하는 셈이다. 한편 한쪽 끝의 양의 위치에너지는 비록 가상적
혹은 논리적이기는 하지만, 다른 쪽 끝의 음의 위치에너지를 수반한
다. 음의 에너지는 실제로 생각하기 어렵지만, 전체로 보면 에너지의
합이 영이 된다는 것을 부정할 수는 없다.

이상은 무에 관한 사유구조를 수평 막대저울이라는 단순한 이야
기로 바꾸어 설명한 것이다. 혹은 디랙(Paul Dirac, 1902~84)의 물질
과 반물질 사이의 수평성을 달리 말한 것에 지나지 않는다.

130억년 전에, 오늘과 같은 우주탄생을 가져다준 빅뱅은 거의 무
와 같은 존재인 최초의 알갱이로부터 터졌을 것이다. 그러나 우주의
탄생에서 보듯 무에서 유가 탄생한 것이 결코 아님을 알 수 있다.
단지 보이지 않는 유에서 보이는 유로 전환된 사건일 뿐이다. 우리는

디랙(1902~84)

보이지 않는 유를 무라고 말할 따름인 것이다. 보이는(혹은 보일 수 있는) 유는 보이지 않는 유에 의해서 상쇄되며 따라서 우리는 그 에너지의 합이 영으로 보존된다고 말한다. 무는 이러한 보존성을 일러 말하기도 한다.

이러한 사유방식은 미래의 우주가 더 커질지 아니면 작아질지를 결정하는 암흑물질의 존재를 추정할 수 있게 해준다. 두 물체가 일정 거리 안에서 서로 떨어져 있으면 그들 사이의 인력 때문에 덜커덕 붙어버릴 것이다. 그러나 일정 거리 밖에 놓이면 이내 더 멀리 떨어지게 된다. 그래서 우주물질들이 다닥다닥 붙어 있으면 결국 우주는 축소할 것이고, 성글게 퍼져 있으면 팽창한다는 것은 상식에 속한다.

이런 상식을 근거로 보이지 않는 우주물질들, 즉 암흑물질의 존재를 필연적으로 상정할 수밖에 없으며, 중력효과만 가진 암흑물질은 보이는 것이 모두가 아니라는 사실을 강하게 추론하게 된다. 그리고 보이는 것만을 유(有)라고 하는 것은 유의 한계를 스스로 인정하는 셈이다. 이는 추론에 불과한 것이 결코 아니다. 2002년에 노벨 물리학상을 받은 연구성과는 중성미자가 바로 암흑물질의 강한 후보임을 밝힌 데 있다. 이 사실을 고려할 때 무에 대한 경험적 접근 가능성을 무시할 수 없다.

논리학에서는 여자와 남자 혹은 A와 ~A는 모순관계이면서 동시에 보집합의 관계라고 말한다. 그러나 우주계에서 무와 유는 모순관계가 아니라 포섭적 전환관계이다. 이 점은 내가 매우 중요하게 생각하는 우주의 형상이다. 그 안에는 무가 유를 낳지만 무에서 유가 창조되는 것은 아니며, 보이는 유는 무의 한 단편이라는 생각이 아주 깊이 새겨져 있다.

공간이 휘었다는 것은
과연 무슨 뜻인가

고대 그리스에 플라톤이라는 철학자가 있었다. 플라톤의 철학을 이야기하려면 너무 복잡해서, 여기서는 간단히 그의 우주관이 거의 2천년 동안 서구 근대과학에 끼친 영향력이 얼마나 큰지, 그것만 이야기하려 한다.

플라톤이 발견한 것 가운데는 엄청난 기하학의 발견이 있다. 다름 아니라 이 세계에 존재하는 정다면체의 수가 오로지 다섯 개뿐이라는 사실이다. 4, 6, 8, 12, 20정다면체가 그것이다. 일일이 그려보지도 않고, 정244면체가 분명히 존재하지 않는다는 사실을 어떻게 알았을까? 나아가 정12828면체가 존재하지 않는다는 사실을 어떻게 알았을까?

플라톤의 이 획기적인 아이디어는 단지 기하학의 진리에 머무는 것이 아니라, 세계존재의 진리 그리고 천체 즉 행성들이 운행하는 우주적 진리에까지 천착되었다. 이러한 기하학적 진리가 경험세계에도

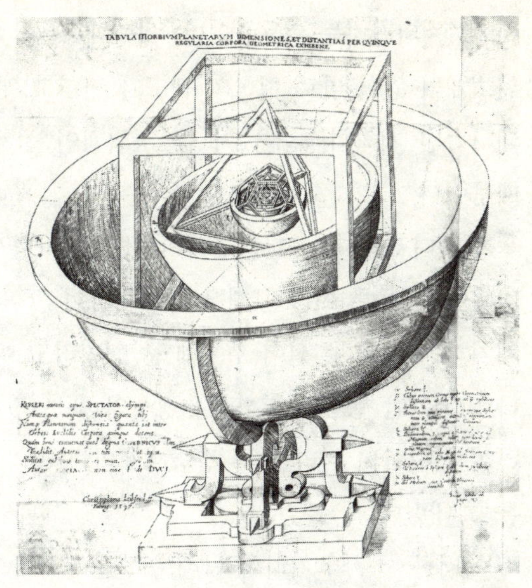

플라톤의 기하학적 진리가 갈
릴레오의 경험론적 천문학에
적용된 천상모델

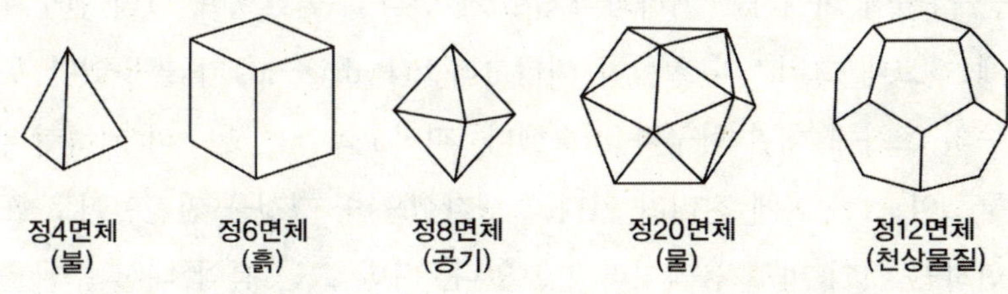

정4면체　　정6면체　　정8면체　　정20면체　　정12면체
（불）　　　（흙）　　　（공기）　　（물）　　　（천상물질）

해당된다는 것이 플라톤의 강한 신념이었으며, 실제로 이 신념은 근
대 초기 갈릴레오의 경험론적 천문학에까지 적용되었다.

　예를 들어보자. 정4면체 안에 내접하는 원1이 있다. 그리고 정4면
체에 외접하고 동시에 정6면체에 내접하는 원2가 있으며, 정6면체에
외접하는 원3이 있고 그에 외접하는 정8면체가 있어 다시 그에 외접
하는 원4가 있다. 다시 그에 외접하는 정12면체 밖에 외접하는 원5가
있으며, 그에 외접하는 마지막 정다면체인 정20면체가 있어서 그것

에 최종 외접하는 원6이 있다. 이렇게 사유 속에서 추상적으로 구성된 6개의 원이 바로 행성의 궤도가 된다고 서구 근대인들은 보았다. 왜냐하면 기하학적 진리가 곧 경험적인 천체의 진리라고 생각했기 때문이다.

한마디로 철저한 합리주의의 전통을 바탕으로 천문학을 재구성한 결과이다. 물론 이러한 재구성에 대하여 그 당시 어느 누구도 이의를 제기하지 않았다. 신이 부여해 준 진리라고 여겼기 때문이다. 더군다나 망원경을 통해서 본 당시 행성의 수는 정확히 여섯 개였다. 그리하여 기하학의 진리는 곧 경험세계의 진리와 같을 수밖에 없다는 결론을 내렸다.

이러한 서구의 기하학을 배운 천문학자가 있었다. 그는 우주의 별들 사이에 내재하는 기하학적 구조가 있다고 믿었으며, 그의 연구과제는 고대 그리스의 철학자 피타고라스(Pythagoras)가 몰두했던 우주의 조화에 대한 탐구와 비슷했다. 피타고라스는 우주의 기하학적 구조의 조화 속에 진리가 있다고 생각했으며, 그것을 인간언어로 표현하는 것이 바로 음악이라고 보았다. 다만 그는 음악 대신 수학을 동원하여 그것을 표현하려고 했으며, 그래서 우리는 그를 과학자라고 부르는 것이다.

사람들은 특수상대성 이론의 수학적 근거가 된 로렌츠 변환식(Lorentz transformation)을 이용하여 우주공간에서 시간의 변환에 따른 물체의 변화를 확인하였으며, 특수상대성 이론과 도플러 효과(Doppler effect)를 가지고 쌍둥이별의 기하학적 구조를 밝혀내었다. 그리고 일반상대성 이론을 동원하여 우주공간의 휨 현상을 찾아내어, 별과 별 사이를 여행할 수 있는 최단거리는 지구에서 생각하는

휘어진 우주공간. 직선 3차원 공간으로는 관측 불가능한 뒤편의 별까지 관측할 수 있는 이론적 근거

그런 직선이 아니라 곡선이 될 수 있다는 우주공간의 비밀을 밝혀내었다. 그리하여 마침내 우주공간이 평평한 것이 아니라 휘어져 있다는 것을 인지하였다. 바로 여기서 요구되는 우주적 관점이 바로 지구상의 경험세계를 이루는 공간 개념을 수정해야 한다는 것이다.

그러나 휘어 있는 공간이 의미하는 바는 공간 스스로 휘어 있다는 것이 아니라, 그 공간 속에 던져진 물체가 운동할 경우에만 그 휘어 있음이 실현된다는 것이다. 물체가 운동한다는 것은 물체가 갖는 질량과 속도에 따라 그 휨의 정도가 다르게 나타난다는 의미를 내포하고 있다.

운동의 속도와 질량에 따른 휨의 정도를 파악하기 위하여 우주공간을 그물망 구조로 가정해 보자. 평평한 그물망 위에 물체를 던질 때 그물망이 휘어지는 정도는 물체의 질량과 속도에 어느 정도 비례할 것이라는 과학적 예측을 할 수 있다.

이러한 가설적 사유는 공간과 물질이 하나라는 일반상대성 이론과 연결되어 있다. 예를 들어 눈에 보이는 물체들이 없다면 공간의 존재와 의미를 알 수 없다. 자연과학에서 공간은 물체가 차지하고 있는 부피, 즉 철학용어로는 연장성(延長性)으로 설명이 가능하다. 그러니 연장성을 지니는 물체가 없다면 공간도 없게 된다.

이런 생각과 관련하여, 칸트에게서 공간은 물체를 경험적으로 파악하게 하는 선천적인 순수직관의 영역이었다. 따라서 물체가 없을 경우 공간의 직관성은 그 의미를 상실한다. 아인슈타인의 일반상대성 이론에서도 공간과 물체의 상관성이 매우 중시되고 있다. 그 상관성의 기본은 물체가 있을 경우에만 중력을 낳는 공간의 존재의미가 있다는 사실이다.

예를 들어 사각 모양의 그물망을 네 모서리에서 손으로 잡고 있다고 가정하자. 그런 그물망 위에 갑자기 아주 무거운 물건을 던진다면 두 모서리 혹은 네 모서리 모두가 한곳으로 모아질 것이다. 이런 모습을 우주의 공간에 적용하여 비주얼하게 상상해 본다면, 멀리 떨어져 있는 공간이 순간적인 시간 차원에서 하나로 모아질 수 있다는 엄청난 상상력이 현실로 될 수도 있다.

실제로 스티븐 호킹이 말하는 엔트로피의 감소 혹은 시간의 역전, 우주의 순환 등에 관한 매우 도발적인 듯 보이는 과학적 상상력이 실현된다면, 공간과 시간에 대한 인간의 인식구조에 근본적인 변화가 올 것이다.

물질이란 무엇이며,
물질의 끝은 어디까지일까

"물질은 무엇인가" 하는 물음은 고대 그리스 이후 근대 서구철학 뿐 아니라 서구과학에서도 끊임없이 제기되어 왔다. 이 물음에는 두 가지로 답할 수 있다. 하나는 어떤 물질을 바로 그 물질이게끔 하는 물질의 내적 성질인 본질로서 답하는 것이며, 또 하나는 겉으로 드러나는 외형적인 성질인 속성(屬性) 혹은 현상으로 답하는 방식이다.

본질은 감각적으로 잡히는 대상이 아닌 반면에, 현상은 감각적인 그 무엇이다. 감각의 대상이 아닌 본질을 언급하는 일은 아무래도 추상적일 수밖에 없다. 그런데 추상적인 것은 우리 자연 안에 없다. 원래 자연은 모두 감각적이고 경험적인 대상이기 때문이다.

경험적인 자연을 다루는 학문을 고대 그리스에서는 피직(physic)이라고 했다. 그리고 구체적인 경험의 자연을 넘어 추상적이고 저 하늘세계에만 존재할 것 같은 대상을 다루는 학문을 피직 너머 있다고 해서 메타피직(meta-physic)이라고 했다. 우리는 이것을 형이상학이라고 번역한다.

19세기 말까지도 자연철학이라는 용어가 오늘의 과학이라는 개념으로 사용되었다. 피직의 세계를 다루는 자연철학과 메타피직의 세계를 다루는 형이상학의 근본적인 차이는 물질을 설명하는 방식에 있다. 앞에서 본질의 설명방식과 현상의 설명방식을 나눈 이유가 바로 형이상학은 추상적인 물질의 본질을 다루는 데 비해 자연철학, 즉 과학은 감각적인 물질의 운동현상만을 다루는 것이라는 데 그 주요한 차이가 있기 때문이다.

이때부터 철학과 과학의 경계가 조금씩 생겨나기 시작했으며, 그 시기는 2500년 전 고대 그리스 시대이다. 고대 그리스 자연철학 시대의 사유는 이 세계가 무엇으로 구성되어 있는가 하는 질문에서 시작되었다.

2500년 전에 고대 그리스의 철학자 탈레스(Thales)는 그 답을 물이라고 했다. 당시의 어떤 철학자는 불이라고 했다. 어쨌든 오늘날 과학의 입장에서 본다면 매우 유치한 답을 내어놓은 것이다. 그러나 당시로서는 참으로 획기적인 질문이었으며 그 답 또한 충격적인 것이었다.

그 이전 사람들은 세계가 무엇으로 구성되어 있는가를 질문한 것이 아니라, 무슨 힘에 의해 작동되고 있는가를 물었기 때문이다. 이런 질문방식을 신화적 세계관이라고 한다. 예를 들어 세계가 거북 등에 업혀 움직인다거나, 거인의 손에 받쳐 들려져 있다는 등의 설명을 신화적 세계관이라고 한다.

그러므로 신화적인 질문이 아니라 세계의 궁극적인 구성물질이 무엇인가 하는 과학적인 질문을 던졌다는 것은 획기적인 전환이었으며, 이로부터 서구 철학과 과학이 시작되었다고 할 수 있다. 기원전 6세기 무렵, 천문학과 철학을 연결시킨 서양철학 최초의 철학자라 일컬어지는 그리스 밀레토스 지역의 탈레스에 이어 데모클리토스(Democlitus)는 그 궁극적인 구성요소를 더 이상

돌턴(1766~1844)

나눌 수 없다는 뜻에서 아톰이라고 이름붙였다. 이러한 생각은 근대화학의 초석을 이룬 원자론의 발견자 돌턴(John Dalton)이 19세기 들어 근대적인 의미의 원자를 찾아내기까지 2천여년 동안 서구사람들의 사고를 지배해 왔다.

근대과학은 사물을 구성하는 궁극적인 요소를 분자라고 했다. 그러다가 18세기 말에 화학자 라부아지에가 등장하면서, 물분자가 산소와 탄소로 구성되어 있다는 것을 확인하게 되었다. 그래서 분자는 그보다 더 작은 원자로 구성되어 있다는 사실을 알았으며, 사물의 궁극적인 요소물질은 원자라는 생각이 이후 100년을 지탱해 왔다.

그 뒤 1899년에 현대 입자물리학의 실험적 기초를 다져준 러더퍼드(Ernest Rutherford)는 방사선을 방출하는 우라늄이 두 가지 방사선을 방출한다는 사실을 발견했고, 그중 한 방사선은 원자를 투과해야 하는데도 극소수의 방사선이 원자에서 퉁겨져 나오는 실험결과를

러더퍼드(1871~1937)

얻었다. 이런 방사선을 러더퍼드는 알파선이라고 명명했다. 그리고 이 실험결과를 분석한 러더퍼드는 마침내 알파입자보다 무거운 그 무엇이 원자 안에 있기 때문에 그것과 충돌하여 퉁겨져 나온 것이라는 결론을 내렸고, 그 무언가의 입자는 원자 내부에 존재하는 또 다른 단단한 입자이며, 그것이 바로 원자핵이라는 사실을 알아내었다. 이와 같은 연구결과로 러더퍼드는 1908년에 노벨 화학상을 받았으며, 그의 연구성과는 물질의 최종 구성요소는 원자가 아니라 전자와 원자핵이라는 결론으로 발전하였다.

러더퍼드의 발견은 소립자 연구를 현대 입자물리학의 무대 위에 본격적으로 올려놓는 계기가 되었다. 그후 러더퍼드가 몸담고 있던 캐번디시 연구소의 젊은 연구자 채드윅(James Chadwick)이 원자핵은 다시 중성자와 양성자로 구성되어 있다는 것을 발견하였다. 이 발견으로 채드윅은 1935년에 노벨상을 받았고, 이제 중성자와 양성자로 구성된 최종 요소가 바로 세계를 구성하는 기본 입자라고 생각하

198

기에 이르렀다. 그러나 그 이후 양성자와 중성자로 구성된 소립자들이 계속 발견되어 100여 개가 넘게 되었다.

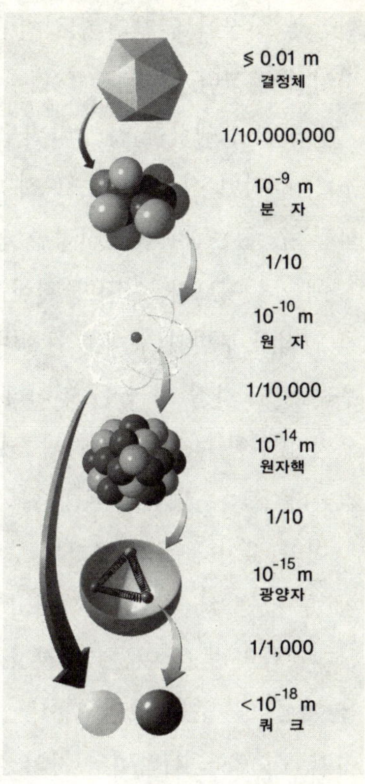

이러다 보니 이렇게 많은 수의 소립자들이 과연 이 세계를 구성하는 기본 입자일 수 있는가 하는 의문이 들기 시작하였다. 기본 구성물질이 수적으로 자꾸 많아지면 그것들을 기본 구성요소라 할 수 없기 때문이다. 마침내 1964년 겔만(M. Gell-Mann)과 츠바이크(G. Zweig)는 마지막 구성물질이라고 생각했던 양성자와 중성자가 그보다 작은 쿼크라는 이름의 소립자로 구성되어 있다는 것을 독자적으로 밝혀내었다.

이렇게 해서 지금까지는 여섯 종류의 쿼크와 전자를 포함한 여섯 종류의 렙톤이라 불리는 기본 입자가 물질세계의 끝을 구성하는 입자라고 평가하고 있다.

서구의 과학이 문제삼는 물질의 탐구는 경험적 대상으로서의 속성이 무엇이며, 그 속성을 이해하기 위해서 그 물질이 무엇으로 구성되어 있는가 하는 분석적인 탐구가 우선이라는 생각에 초점이 맞추어져 있었다. 그렇지만 이처럼 분석적으로 탐구된 속성, 즉 물질의 현상적 성질이 인간의 인식범주 안에 모두 포섭될 수 있는가 하는 것이 문제였다.

서구인이 생각한 인식의 범주란 대개 대상이 계량화될 수 있는 경우로서, 이럴 경우에만 오로지 인식되었다고 규정한다. 그래서 계량화될 수 없는 지식은 진정한 인식이 아니라고 보았다.

예를 들어보자. 어떤 물질적 대상이 있다고 하자. 그 물질은 일정한 면적과 부피와 무게를 가지며, 색깔과 소리·냄새 그리고 어떤 경우는 맛도 가질 수 있을 것이다. 이때 면적과 부피와 무게는 수(數)로써 표현할 수 있는 반면에, 색깔과 냄새와 맛 등은 수로 표현할 수 없었다. 물론 지금의 현대과학은 이를 수로 표현할 수 있다.

이와 같이 물질의 성질은 수로 표현할 수 있는 성질과 수로 표현할 수 없는 성질로 구분된다고 본 것이 서구 근대인의 생각이었다. 근대과학의 문을 여는 데 결정적인 구실을 한 갈릴레오와 근대과학을 완성시킨 뉴턴 그리고 서구 경험론 철학자인 존 로크는 한결같이 이런 구분을 중시하여 전자의 성질과 후자의 성질을 나누었으며, 전자를 제1차 성질 그리고 후자를 제2차 성질이라고 불렀다.

물론 제1차 성질과 제2차 성질을 나누는 기준은 오로지 물질의 성질을 수학적으로 표현 가능한가 혹은 불가능한가라는 차이에 두었다. 그리고 1차 성질만이 물질의 근원적인 속성이 될 수 있으며, 2차 성질은 물질의 부차적인 속성이라고 보았다.

최근 들어 과학기술의 발달에 힘입어 과거 2차 성질이었던 색깔과 소리는 옹스트롬(Å)이라는 단위를 이용해서 수학적으로 표현이 가능해졌고, 냄새나 맛 등까지도 수학적 표현이 가능하게 되었다. 그래서 근대인이 생각했던 1차 성질과 2차 성질의 구분이 모호해지기는 했지만, 중요한 것은 수학적인 계량화 여부가 물질의 인식을 가름하는 기준으로서 서구과학과 철학의 기본 줄기를 형성해 왔으며, 아직도 이같은 기준은 유효하다는 점이다.

모든 물질을 계량화해야 한다는 강박감을 갖고 있는 고전과학의 자연관이 우리의 인식구조를 지배하기는 했지만, 실상 모든 자연의 물질이 계량화될 수 있는지에 대하여 많은 과학자들이 의심을 품기 시작하였다. 계량화하기 위하여 자연은 반드시 정지되어야 한다는 것이 고전과학의 정언명법이기도 하다. 그러나 실제의 자연은 변화하고 운동하면서, 운동과 물질의 경계가 붕괴되고 있다. 운동과 물질의 경계가 무너진다는 것은 물질이 주체가 되어 주어인 물질이 술어인 운동을 한다는 뜻이다. 그런데 실제로는 운동에너지 자체가 물질인 경우나 물질의 내용이 오로지 에너지 덩어리인 경우가 너무나 많다는 사실을 현대 입자물리학은 알게 되었다. 이리하여 물질은 고정된 실체가 아니라 항상 변화 속에 있다는 점에서 서구식의 계량화 조건은 비판의 대상이 되기에 이르렀다.

서구의 물질관에서 볼 때, 물질이란 시간과 독립된 본질과 속성을 가진 것이다. 그래서 서구 특히 과학의 물질관은 시간의 흐름에 의존하지 않기 때문에, 물질이 변화한다는 사실에 초점을 두지 않는다. 물질을 수학으로써 형상화하는 서구과학은 변화하는 물질의 변이과정을 정지상태로 두는, 이성을 통해서 억지로 바꾸어놓는 개념적 추상화에 초점이 맞추어져 있다. 마치 변화하는 운동과정을 사진기의 정지된 한 컷으로 찍어놓고서, 그것이 바로 물질 본연의 모습이라고 말하는 것과 다름없다.

그러다가 일반상대성 이론이 정립되면서, 물질을 시간과 분리시켜서 볼 수 없다는 논의가 일반화되었다. 시간과 물질이 분리될 수 없다는 데서 물질의 전이와 변화를 인식할 수 있다. 이런 물질의 변화를 인식하는 일은 한 컷의 사진필름을 보는 일이 아니라, 시간에 따라 변화하는 물질의 동영상을 한순간에 깨닫는 일에 비유될 수 있다. 식물도감에 나오는 할미꽃의 그림은 할미꽃의 모든 변화를 안고 가는 생태학적 생생함을 도저히 그려낼 수 없다. 따라서 시간과 물질의 상관성을 인식한다는 것은 결국 세계의 운동을 이해하는 첫걸음이다.

5

양자역학에 대한 자연철학적 질문

두 개처럼 보이는 하나의 소립자,
어떻게 설명할 수 있을까

1935년 아인슈타인과 그의 동료인 포돌스키와 로젠은 물리학회지 『피지컬 리뷰』(*Physical Review*)에 획기적인 논문 한 편을 발표하였다. 이 논문은 그들 이름의 약자를 따서 EPR(Einstein-Podolsky-Rosen) 논증이라 불리는데, 운동상태에 대한 양자역학의 기술방식의 한계를 지적한 것이 주요 내용이다. 당시 발표한 실험내용은 실제로 이루어진 실험이 아니라 가상적인 일종의 사고실험이었다.

내용을 간략하게 설명하면 다음과 같다.

광양자와 같은 소립자들은 전하를 띠고 있는데, $-\frac{1}{2}e$와 $+\frac{1}{2}e$의 짝을 이루는 에너지 보존상태인 e1, e2의 두 입자를 서로 다른 방향으로 쏜다고 하자. 이 경우 한쪽 방향으로 날아가는 입자 e1에 대하여 전자석을 걸어주면 그 입자는 전기를 띠고 있으므로 당연히 자석의 힘에 의해 휘게 된다. 그런데 다른 방향으로 날아가고 있는 입자 e2에 대하여 전자석을 걸어주지 않았는데도, e1이 자력에 의해 휠 때

e2도 따라서 동시에 휘는 현상이 일어난 것이다.

이러한 양자세계의 운동상태는 전통 물리학의 세계관을 뒤흔들어 놓는 일이었다. 인과율을 기반으로 하는 물리학에서 볼 때 e1의 입자는 분명히 인과적인 물리현상이지만, e2의 동시적인 휨 현상은 전혀 인과적이지 않은 사태이기 때문이다. 이는 마치 쌍둥이 중 한 명이 돌에 맞아 머리에 혹이 난 순간, 같은 시각에 돌에 맞지도 않은 다른 한쪽 쌍둥이의 머리에 동시에 혹이 나는 해괴한 사건과 진배없다.

아인슈타인은 이러한 비인과적 사태는 텔레파시에서나 가능한 것이라 하였고, 텔레파시는 당연히 물리학의 연구영역이 아니므로 물리학의 인과율을 거스르는 e2의 사태를 기술한 양자역학의 기술방식은 잘못되었다고 주장했다. 바로 이것이 EPR 논문의 요지이다.

그로부터 넉 달 후 양자론의 주축을 형성한 덴마크의 물리학자 닐스 보어(Niels Bohr)가 아인슈타인의 주장에 반박하는 논문을 내어놓았다. 양자역학자로서 보어는, 아인슈타인이 두 개의 개체라고 보았던 e1과 e2는 실제로 독립된 두 개체가 아니라 분리되지 않은 하나의 물리상태라고 주장하였다.

여기서 아인슈타인의 동역학과 보어의 동역학이 보여주고 있는 세계관의 차이를 주목할 필요가 있다.

아인슈타인에게 미시세계의 개체는 그 외형적 조건처럼 하나, 둘, 셋으로 셀 수 있는 분리된 상태를 의미한다. 그래서 분리된 두 개가 서로 영향을 미친다는 것은 물리학적으로 도저히 용인될 수 없는 일이었다. 그러나 보어에게 미시입자의 개체들은 외형적으로는 셀 수 있는 분리된 개체처럼 여겨질 수 있으나 실제로는 모두 연결된 하나의 비분리 상태에 있다는 것이다.

뉴욕 여행중인 일란성 쌍둥이 영희　　　　**파리 여행중인 일란성 쌍둥이 영미**

뉴욕과 파리를 여행중인 일란성 쌍둥이 영희와 영미. 이 그림은 뉴욕을 여행중인 영희가 머리에 돌멩이를 맞고 혹이 나자, 그 순간 뉴욕이 아닌 파리에 있던 영미의 머리에도 혹이 생긴 기이한 현상을 표현한 것이다. 영희의 혹은 원인과 결과의 물리법칙이 맞아떨어지는 현상이지만, 영미의 혹은 물리적 인과법칙으로 도저히 설명할 수 없는 일이다. 아인슈타인의 EPR실험은 바로 영미의 현상이 물리적으로 불가능하다는 것을 보여준 가상실험이었다.

　　아인슈타인과 보어의 논쟁 이후 50년 넘게 후대의 수많은 물리학자들 사이에서는 물리현상을 인과성의 범위 안에 국한시켜야 할 것인지 아니면 전통적 인과율에 맞지 않는 비분리의 물리상태를 인정해야 할 것인지를 둘러싸고 격렬한 논쟁이 벌어졌다. 그러다가 1970년대 들어와서 아인슈타인 진영과 보어 진영의 논쟁은 사고실험이 아닌

206

실제적인 실험결과에 의해서 보어 쪽으로 가닥이 잡히게 되었다.

그러나 여전히 양자상태의 입자들의 통일성, 비분리성을 기존의 인과적 언어로 표현하는 일이 쉽지 않다는 점이 문제로 남았다. 더욱이 그런 양자상태의 입자운동은 고전역학에 길들여진 이성(理性)적 사유에서 벗어나는 다른 물리적 지평에 있는 것이어서 더더욱 이해하기 어려웠다.

양자 차원의 입자운동의 상태가 바로 내재적인 상호관계망의 구조에 비유될 수 있다. 한쪽 소립자와 다른 쪽 소립자는 분명히 분리된 서로 다른 입자임에도 불구하고, 그들 사이에는 내적인 상호연관성이 존재한다는 것이 밝혀졌기 때문이다.

문제는 이러한 관계망의 존재가 언어의 경계 안에서 설명되기 어렵다는 데 있다. 닐스 보어는 바로 이 문제 때문에 많은 고민을 했다. 비록 미시세계의 대상일지라도 그 현상을 설명하기 위해서는 거시세계의 언어를 사용해야 하지만, 거시언어로는 설명이 불가능한 그런 역설이 그 안에 들어 있기 때문이다. 아무튼 이 EPR 실험은 70년대 중반 들어 현실적인 실험으로 증명이 되었지만, 여전히 일상적인 거시언어로 설명하기 어려운 문제가 남아 있다.

우리가 언어로 표현할 수 있는 고전적 의미의 인과율은 다음과 같은 조건을 포함한다.

첫째, 원인은 결과보다 시간적으로 앞서 있다. 둘째, 원인유발과 결과발생은 동일한 대상 혹은 동일한 사태에 적용된다. 다시 말해서 내가 대상 a에 힘을 가할 경우 대상 a가 움직이는 결과가 발생할 뿐, 힘을 가하지 않은 다른 대상 b에는 별다른 결과를 불러일으키지 않는다는 뜻이다. 셋째, 원인과 결과는 선형적이다. 쉽게 말해서 인과적인 물리 방정식이 있을 때 그 함수에 변수로서 원인값을 대입할 경우 하나의 결과값이 산출된다는 뜻이다.

그러나 바로 EPR 실험은 이러한 고전적 의미의 인과율의 적용범위를 붕괴시키는 결과를 가져왔다. 첫째와 둘째 조건은 너무나 당연한 말인 듯하지만, 양자현상에서 이 두 조건에 합치하지 않는 현상이 일어남으로 해서 EPR 실험은 상당한 논쟁을 불러일으켰다.

아인슈타인은 첫째 조건의 불일치는 타임머신과 같은 사례이기 때문에 기존의 물리법칙으로는 이해할 수 없는 상황으로 받아들인다. 또 둘째 조건의 불일치 역시 대상의 정체성이 붕괴되는 사례이기 때문에 받아들일 수 없다고 보았다. 결국 아인슈타인은 고전적 의미의 인과율에 대한 충실한 계승자로서 양자론의 방정식을 신뢰할 수 없다고 말한 것이다. 그럼에도 양자현상에서 이같은 사태는 현실로 나타났기 때문에 어떻게든 이를 설명해야만 했다. 그리하여 아인슈타인이 제시한 것이 '숨겨진 변수 이론'이다.

'숨겨진 변수 이론'이란, 한마디로 겉으로 보기에 고전적 의미의 인과율이 붕괴된 듯 보이지만 실은 인과성을 제대로 설명할 수 있는 변수들을 아직 찾지 못해서 비인과적인 것처럼 보일 뿐이라는 것이다. 결국 EPR 현상과 같은 양자현상에서 나타난 인과율의 괴리에 대해, 그 책임을 현상 이면에 숨겨져 있는 변수들을 아직 찾지 못한 인간이성에 돌린 셈이었다.

이에 따라 문제는 인과율의 범주를 고전적 의미로 국한할 것인가 아니면 확대할 것인가 하는 것으로 귀결된다. 요컨대 아직 풀리지 않은 이 문제는 아인슈타인의 해결방식을 따를 것인가 아니면 닐스 보어의 해결방식을 따를 것인가의 갈림길에 있는 것이다.

　　양자현상은 관계성(Relationalität)과 전체성(Ganzheit)이라는 두 가지 자연철학적 개념으로 요약할 수 있다. 그러면 여기서 보어의 관계성 개념에 대해 이야기해 보기로 하자.

　　보어는 양자현상이 독립적 실재로부터 나온 것이 아니라고 확신하였다. 양자역학적 결과에서 볼 때, 물리적 실재의 기술(記述)은 측정장치와 대상의 상호관계에서 나온다는 것이다. 그러나 양자대상과 측정장치의 상호작용을 강조하는 것은, 고전적 의미의 객관성의 기준에서 볼 때 용인될 수 없는 개념이었다. 물리적 대상은 어떤 관찰자가 관찰을 하더라도 여전히 객관적 성질을 유지해야 한다. 하지만 양자론에서는 측정장치와 관찰자의 상황과 상태에 따라 물리적 대상의 결과는 다른 값을 유발하는 기괴한 결론이 나온다.

　　파동함수를 통해서 본 대상의 양자역학적 기술(description)은 관찰수단과 관계된 상대주의적 요청에 따른다. 관찰되는 대상은 관찰이라는 측정행위가 시작되면 그때부터 대상의 독립성을 유지할 수 없으며, 동시에 대상과 관찰자의 상호관계가 모종의 힘으로 작용한다는 것이다. 이를 보통 '외부적 교란'이라고 말하기도 한다. 이러한 외부적 교란을 인정할 경우, 전통적인 인과율의 엄격성은 붕괴될 수밖에 없다. 보어는 실제로 한쪽의 물리체계에 대한 완전한 기술을 시도한다고 해도, 다른 쪽의 상태에서 무슨 과정이 일어날 것인지를 분명히 알 수 없다고 말한다.

　　이 점에서 문제가 되는 것은 위치와 운동량이 동시적으로 정확하게 정의될 수 없다는 점이다. 운동량을 정확하게 측정하려면 위치를 정확하게 잴 수 없으며, 에너지를 정확하게 측정하려 한다면 시간을 더 이상 정확하게 잴 수 없다. 인과율과 시간좌표 또한 동시적으로 기술될 수 없다. 이러한 두 변수들을 상호 공액 가능한 연산자라고 말하는데, 하이젠베르크(Werner Heisenberg)는 불확정성의 원리를 통해서 이미 작용양자의 존재로 인한 인과적 정확성의 한계를 지적하였다. 보어는 이러한 불확정성이라는 미시세계 자연의 한계가 곧 자연법칙적 한계라고 본다.

양자세계의 작용양자에 의한 비인과성은 양자대상과 측정장치의 분리 불가능성과 항상 연관된다. 양자역학에서 작용양자의 존재는 바로 그 대상과 측정장치의 상호작용으로 인하여 양자의 분리를 불가능하게 만든다. 따라서 측정장치가 관찰대상에 미치는 영향의 교란값을 계산한다든가, 두 연산자들의 공액값을 인식하는 것은 불가능한 일이다.

알려진 바와 같이 두 공액 연산자들의 관측 가능한 물리량을 동시에 관측한다는 것은 하이젠베르크의 불확정성 관계에 의해 제한을 받는다. 그렇게 되면 이러한 한계가 양자대상에 대한 인간인식의 한계인지 아니면 양자대상의 존재 자체의 한계인지 하는 물음이 제기될 수 있다. 하지만 이 물음은 기존의 물질관으로는 답변하기 어려운 측면을 지니고 있다.

기존의 물질관에서는 관찰하는 주체와 관찰되는 대상이 서로 독립적인 존재이다. 그리고 양자 차원에서 미시세계의 물리적 대상들은 서로 상보적이지만, 고전과학의 눈으로만 보게 되면 이러한 상보성은 이해하기 어려운 오류의 과학으로 비치기 십상이다. 하지만 이제는 이 사실이 현대과학의 엄연한 과제가 되었으며, 이 문제를 푸는 것이 최대의 관건으로 되었다. 양자론의 상보성 개념을 가지고 이제는 새로운 관점의 자연철학이 제시되어야 할 것이다. 구체적으로 양

하이젠베르크(1901~76, 왼쪽)와 닐스 보어(1885~1962)의 토론

자 차원의 관찰대상과 거시적인 측정도구 및 관찰자의 상호관계가 밝혀져야 할 것이며, 이것은 지금도 조금씩 밝혀지고 있다.

측정장치와 물리적 대상의 상호작용에 의해 그 장치와 양자대상은 비가역적 방식으로 하나의 특수한 상태로 진입한다. 비가역적 방식이란 쉽게 말해서 측정하는 행위 자체가 측정결과에 영향을 미친다는 뜻을 내포하고 있다. 그런데 문제는 이 과정에서 산출된 측정결과를 인식하는 일, 즉 측정치는 인간이 인식할 수 있는 표현방식으로 나타내야 하며 따라서 경험적 차원의 표현방식이어야 한다는 것이다. 즉 비가역적 과정은 경험적 차원의 결과로 보여져야 한다는 것이다.

그러나 양자역학의 운동모습은 인간의 거시적인 경험언어로 표현하기 어려운 측면을 지니고 있는바, 바로 이것이 양자역학의 패러독스이며 EPR 실험이 보여준 패러독스이기도 하다. 하지만 이는 기존의 고전과학 입장에서 보면 패러독스이지만, 양자론의 상보성 입장을 수용할 경우 이같은 패러독스는 모두 풀리게 된다.

이 상황은 보어의 입장을 대변하는 이른바 코펜하겐 해석(Copenhagen Interpretation)이라는 이해방식의 핵심 개념인 상보성 개념으로써 서술되었다. 보어의 상보성 개념은 "물리적 실재에 대한 우리의 사유방식을 전격적으로 전환시킨 자연철학의 새로운 길"이라고 일컬어진다.

양자역학의 코펜하겐 해석은 양자물리적 개체에 대한 엄밀한 예측이 측정행위 이전에는 전혀 불가능하다는 생각을 바탕에 깔고 있다. 물론 이 해석은 실재와 이론의 일 대 일 대응을 주장하는 EPR의 입장을 거부한다. 그럼에도 불구하고 양자물리에서도 고전적 언어로 기술될 수 없는 현상을 다시 고전적 언어로 기술해야만 하는 어려움을 보어는 실토하고 있다. 바로 이것이 양자역학의 근원적인 난제이다. 이에 따라 보어는 양자론의 역설적인 모습에 대하여 새로운 개념이나 자연법칙을 사용하는 것은 불가능하고, 오히려 기존의 개념을 적용하는 새로운 관점을 가져야 한다는 입장을 보였다.

보어의 상보성 원리를 간략하게 설명하면 다음과 같다.

측정하는 관찰행위자는 거시세계에 살고 있으며 일상언어를 사용하고 있다. 인과율과 같은 기존의 전형적인 개념들은 이미 인간의 언어 속에 단단히 짜맞추어져 있다. 그러므로 이런 기존의 개념적 언어들이 미시현상의 영역에서도 제한 없이 적용된다는 것은 맞지도 않거니와 필요하지도 않다. 양자역학에서 관점의 변화는 단연코 필요한 것이다. 우리에게는 외형의 언어를 뜯어고치는 일보다 생각을 다시 새롭게 갖는 일이 더 중요하다. 관점의 변화란 구체적으로 고전역학의 생각에서 벗어나는 것, 원자론적 생각에서 벗어나는 것을 의미하기도 한다.

근본적으로 보어는 공간적으로 서로 떨어진 체계들이 상호 독립적인 것으로 보이기는 하지만 상호 연관성을 가진 공동의 한 체계라는 점을 강조하고 있다. 또한 측정 전의 물리적 상태와 측정 후의 물리적 상태가 다르며, 그 상태가 달라지는 정확한 인과성을 밝히기 어렵다고 하였다. 측정에 대한 정확한 예측이 어렵다는 말이다. 그러면서 오히려 측정 전과 후를 하나의 체계로 보는 새로운 관점을 제시하였다. 그렇다면 양자 차원의 물리적 실재는 고정된 것이 아니라 측정하는 행위에 의해서 비로소 드러난다는 사실을 이해할 수 있게 될 것이다.

결국 물리적 실재는 관찰된 현상마다 달리 해석하는 것이 가능하다. 보어의 말을 빌리자면 "고립된 물질입자는 추상적인 것이며, 그 속성은 다른 체계와의 상호작용을 통해서만 정의되고 인지될 수 있다." 하이젠베르크도 이와 유사하게 쓰고 있다. "그 안에서 다양한 연결망이 조성되는 복합적인 그물망으로서의 이 세계는 과정들이 서로 교차되고 작용하는 듯이 나타나며, 또한 이런 방식으로 전체 그물망의 구조를 결정한다."

양자역학에서 말하는
관찰행위란 무엇인가

자연을 관찰한다는 의미는 무엇인가? 일상세계 안에서 관찰행위는 관찰대상을 건드리지 않고서도 가능하다. 그러나 양자 단위의 소립자 세계에서는 양자를 관찰하는 행위가 바로 관찰대상을 건드리게 된다. 다시 말해서 측정도구를 이용한 관찰행위는 양자의 위치와 에너지를 변하게 만든다는 것이다.

따라서 양자역학에서 관찰이란 반드시 대상과 관찰자의 상호관계의 결과를 수반한다. 이것이 의미하는 바는, 관찰이라는 행위가 있어야 비로소 대상은 관찰자에게 모습을 드러낸다는 것이다. 그래서 관찰되기 전의 대상과 관찰 후의 대상은 분명히 다른 물리적 상태에 있게 된다.

관찰되기 전의 관찰대상의 양자상태를 중첩상태라고 부르는데, 이 중첩상태가 관찰과 동시에 붕괴되면서 물리상태에 변화가 일어난다. 쉽게 말해서 관찰은 물리적 교란이며, 교란이 있어야만 비로소 대상은 인간에게 인식이 가능해진다는 것이다.

양자역학의 코펜하겐 해석에 의하면, 파동함수로 기술하는 대상을 관찰하는 순간 그 파동함수는 변화한다. 이는 중첩된 파동함수에서 특정 상태로의 순간적 전이를 의미한다. 대상의 상태는 관찰 전의 상태와 관찰 이후의 상태가 다르며, 관찰하기 전의 상태는 물리적 상태의 모든 가능성을 다 포함하는 모종의 복합적 상태이다. 앞에서 말했듯이, 이를 중첩상태라 한다.

이런 복합적 상태들의 잠재적 가능성들 가운데서 오직 하나의 상태만이 관찰을 통해 현실화된다. 즉 측정과정과 관찰행위를 통해서 관찰대상의 실재 모습이 드러나게 되는 것이다. 이와 같은 과정을 양자론에서는 붕괴라고 말한다. 정확하게 표현하면, 관찰행위를 통한 파동함수의 붕괴(Reduktion)가 일어나는 것이다.

그런데 붕괴의 과정은 반드시 비가역적이다. 쉽게 말해서 관찰행위를 거치면서 변화된 양자상태는 관찰행위 이전의 중첩상태로, 즉 거꾸로는 절대로 진행하지 않는다는 뜻이다. 파동함수의 순간적 붕괴를 유도한 양자역학적 측정과정은, 고전역학의 입장에서 볼 때 믿기 어려운 결과를 가져다준다. 그래서 아인슈타인은 죽는 순간까지 양자론을 부정할 수밖에 없었다.

하나의 파동함수는 시간의 흐름에 따라 변화하는, 가능한 사건들에 관한 동력학적 기술이다. 양자론에서 처음시간(t)의 파동함수가 관찰을 통해 결정되면, 이 이론법칙으로부터 임의의 나중시간($t+\delta t$)의 파동함수가 예측될 수 있다. 그러나 이 파동함수는 시간의 흐름에 따른 사건의 변화 그 자체를 기술할 수 없다는 것이 강조되어야만 한다. 파동함수는 그 과정의 경향, 그 과정의 가능성 혹은 그 과정에 대한 우리의 인식만을 어느 정도 표현한다는 점을 하이젠베르크는

아니, 저럴 수가!

강조한다. 한마디로 파동함수는 측정을 통해 얻어지는 인식의 한 표현이다. 따라서 파동함수는 새로운 인식의 획득에 의해 갑자기 변할 수 있다.

옴살론적 측면(holistic view)에서 볼 때 파동함수는 측정된 체계의 모든 가능성들의 복합체 가운데 하나이다. 단순히 가능성들의 혼합체가 아니라, 그 부분들은 항상 변화되는 유기체적 전체와 같은 종류이다. 우리가 관찰을 수행하는 바로 그 순간, 파동함수는 비가역적 붕괴가 일어난다. 파동함수의 붕괴는 다양한 가능성에서 하나의 유일한 사실로 이끈다. 동시에 그 붕괴는 이론적 무한 차원의 실재에서 하나의 차원으로의 비약이다. 이러한 붕괴는 하이젠베르크가 '등록'(Registrierung)이라고 이름붙인, 가능태에서 현실태로의 전이를

216

의미한다. 관찰자는 그것이 기계이든 인간이든 상관없이, 시공간에서 등록을 위한 결정을 한다.

보어는 양자현상에 관한 서술을 특정 상황 아래에서 이루어지는 관찰과 관계되는 그 무엇으로 간주하였다. 또 양자론의 고전적 교과서를 완성한 막스 야머(Max Jammer)는 보어의 유명한 말을 고쳐 다음과 같이 말했다. "양자세계는 없다. 단지 추상화된 양자역학적 서술만 있을 뿐이다. 물리학의 임무가 자연이 무엇인지를(how nature is) 밝히는 것이라고 생각하는 것은 잘못이다. 물리학은 자연에 대해 우리가 말할 수 있는 것이 무엇인지(what we can say about nature)에 관한 것이다."

양자세계는 원자론적 대상들의 단순 집합이 아니다. 그렇다고 양자세계가 주관적이라는 의미는 아니다. 보어의 주장에 따르면, 하나의 순수한 전체 상태의 확률분포는 주관적 요인이 아니라 양자대상의 원천적인 속성이며 자연의 객관적 사실일 뿐이다.

드리슈너(Michael Drieschner)는 양자론의 파동함수에 관한 서술방식이 객관적이지 못한 것인 양 편견을 갖고 오해하는 고전역학자들을 향해, 과연 무엇이 객관성의 진정한 기준인지 다시 따져보자고 제안하였다. 그러면서 그는 양자대상이 시간의 변화에 따라 그리고 측정조건에 따라 변화하는 방식으로 서술된다는 점을 강조하였다. 그러나 바로 이 점이 고전역학자들로서는 이해하기 어려운 것이었다.

드리슈너의 주장을 간략하게 정리하면 다음과 같다. 대상은 시간에 따라 변하는 상태들을 벡터합으로 서술할 수 있는 힐버트 공간론(Hilbert's Space)의 수학공간에서 기술되어야 한다. 그래서 시간을 정지시키고 공간을 정지된 시간대에 맞추는, 기존 고전역학의 물리적 대상에 관한 서술방식이 오히려 객관성이 결여되었다는 것을 주목해야 한다. 이렇게 볼 때, 변화하는 시간에 따라 각 대상에 대한 원자 차원의 기술이 가능하다는 양자론의 주장이 훨씬 객관적이고 또한 설득력이 있다는 것이다.

한편 대상 개념에서도 양자대상 역시 원리적으로는 확률의 개념을 빌려 서술될 수 있다는 점이 성공적으로 유도되었다. 실제로 양자론에서 힐버트 공간의 '거의 모든' 가능한 상태들은 확률분포 $|\Psi^2|$으로 연산화되며, 구체적 측정으로는 그 모든 상태를 서술할 수 없다. 물론 양자역학에서도 일반적으로 강한 의미의 결정론적 객관성이 성립되지 않지만, 확률적 의미의 객관성은 적용된다. 따라서 양자론에서도 관찰의 물리적 의미를 포괄하는 속성으로 실재적 대상에 대하여 모순 없이 말할 수 있다. 다시 말해서 양자상태를 확률분포의 체계로써 이해할 수 있다면, 양자 차원의 서술 또한 당연히 객관적이다.

측정결과를 단지 관찰자의 주관에만 의존한 것으로 본다면, 코펜하겐 해석은 관념론에 속할 것이다. 그러나 고전역학자들의 오해나 편견과 달리, 양자론의 코펜하겐 해석은 관념론과 무관하다. 양자상태는 대상과 측정장치의 상호작용을 함의한다고 이미 말했다. 하지만 이 관계는 대상과 주관의 직접적인 관계가 아니다. 순수하게 물리적 관계이며, 지각하기 위한 조건이며, 대상들 사이의 관계일 뿐이다.

그렇지만 실제로 양자론에서 볼 수 있듯이, 주관과 객관의 관계는 관찰수단과 피관찰체 사이에 형성되는 일상언어의 관계에 비유될 수밖에 없는 역설적 속성을 가진다. 보어는 이런 인식론의 역설을 다음과 같이 표현하고 있다. "우리의 사유활동에 의한 서술은 객관적으로 주어진 내용과 그것을 대하는 주관의 대비를 요청한다. 그러나 또 한편으로 주관과 객관의 엄격한 분리는 있을 수 없다. 왜냐하면 주관과 객관이라는 두 개념은 우리의 사유내용 속에 들어 있기 때문이다." 보어는 개념에 대한 기존의 분석이 개념 자체에만 매몰되어 있음으로 해서 개념이 말하고자 하는 사실을 놓치고 있다고 보았던 것이다.

보어의 이같은 사고와 유사한 생각을 요르단(Jordan)에게서 찾을 수 있다. 요르단은 하나의 개념구조는 "감각적 경험을 넘어서는 인식의 표출을 통해서 자연현상의 실재를 나타내는 것이 아니라, 단지 우리의 감각적 경험을 질서짓게 하고 제어하는 데 도움을 주는 보조구조물이다"라고 말한다. 그러나 한편으로 요르단의 이 해석은 보어의 기본 사유와 너무 동떨어져 있다. 왜냐하면 우리의 인식은 주관에 의해 제한되기보다는 주관과 함께하기 때문이다.

앞에서 살펴보았듯이 관찰결과로서의 현상을 정의하는 보어의 방식에 따르면, 측정장비의 한 부분을 변화시킬 때 새로운 물리적 현상의 창출이 가능해진다. 이러한 현상주의적 테제는 붕게(Mario Bunge)의 표현에 의하면 다음과 같다. "물리적 대상은 인식하는 주관이나 관찰자로부터 독립적인 존재가 아니다. 존재하는 것은 관찰자와 그가 행하는 관찰수단 그리고 관찰대상으로 (숨겨진 방식으로) 구성된 하나의 닫힌 통일체이다. 한 체계 안의 이 세 요소들간의 구분은 일의적이거나 객관적일 수 없다. 대상을 관찰수단에 편입시키거나, 관찰수단의 연장으로 보는 것은 인식하는 주관의 판단에 달려 있다. 모든 관찰은 관찰수단과 상호관계를 맺는다. 그리고 양자역학의 모든 형식은 이러한 조건들을 만족시킨다. 즉 실험적 상황에 관계된다는 말이다."

　그러므로 코펜하겐 해석의 입장을 현상주의로 간주하는 것은 옳을 수도 있다. 그러나 정확하게 말해서 코펜하겐 해석을 전형적인 현상주의라고 말하기는 어렵다. 현상주의에 따르면, 사물과 과정에 대한 모든 명제는 감각자료에 대한 명제로 환원되어야 한다. 우리의 인식은 감각적으로 주어진 것에 의해 한계지어진다는 것이다. 반면 코펜하겐 해석에서 실재에 대한 인식은 결코 대상에 관한 감각자료들의 집합이 아니라, 인간과 대상의 상호작용의 결과이다. 이와 같은 실재에 대한 인식론적 입장은 아인슈타인의 인식론적 입장과도 전혀 다르다.

　결국 코펜하겐 해석은 현상주의적 차원이라기보다는, 보어의 관계성 개념으로부터 나온 실재의 전체성을 추구한다. 관찰행위는 대상세계에 간섭한다. 따라서 관찰행위는 주관적 행위에 그치는 것이 아니라, 오히려 관찰행위가 있음으로 해서 대상세계는 완전한 물리적 실재에 가까워진다. 대상과 자아, 객관과 주관을 이어주면서 동시에 세계를 추상성에서 구체성으로 전환시키는 행위가 바로 관찰행위라는 것이다.

소립자 세계에서
물리적 실재란 무엇인가

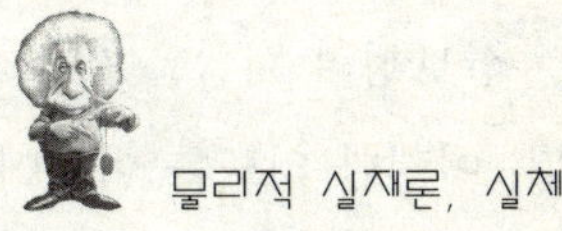

하이젠베르크에 따르면 객관성과 고전적 의미의 실재성은 서로 구분되어야 한다. 파울리(Wolfgang Pauli)도 이렇게 쓰고 있다. "대상에 관한 가능한 정보의 원천이 관찰을 통해 비가역적으로 전환될 수 있는 것과 마찬가지로, 비록 대상의 상태가 관찰에 대하여 독립적일 수 없다 하더라도 원자적 현상에 관한 양자역학적 서술은 여전히 객관적 기술이다. 관찰을 위한 전체 실험장치에 의해 정의된 현상을 구분하려는 시도는 완전히 새로운 현상을 낳기 때문에, 이러한 전환은 고전물리학에서는 알려지지 않았던 자연의 새로운 전체성을 밝혀준다."

파울리는 존재하는 것 그 자체를 거부하는 것이 아니라, 존재자의 고유하고 고정되고 일정한 속성을 부정한다. 관계의존적인 전체 상태를 존재론적 실재로 이해할 수 있다면, 코펜하겐 해석을 현상주의로 몰고 갈 필요가 없다는 것이다. 이러한 존재론적 이해의 관점에서 볼 때, 양자적 실재는 경험적 행위와 매우 밀접한 관련을 가진다. 그래서 자연철학적 안목이 매우 높은 프랑스의 물리학자 데스파냐 (Bernard D'Espagnat)는 이런 경험적 행위를 '현상주의' 대신에 '경험의 철학'이라고 지칭할 것을 제안한다. '경험의 철학'은 기존의 현상주의와도 멀지만, 아인슈타인의 경직된 실재론과도 거리가 멀다.

그럼 여기서는 코펜하겐 해석의 실재 개념을 살펴보기로 하자.

상보성의 개념은 서로 대립되는 두 가지 가정의 종합을 가능케 한다. 이러한 의도를 이루어내기 위해서는 물리적 실재를 세밀하게 이해할 필요가 있다. 코펜하겐 해석에 따르면, 실재에 관한 올바른 서술은 개체들간의 관계를 어떻게 설명하느냐에 달려 있다. 즉 실재의 올바른 서술은 관측장치와의 관계 안에서 가능하다. 그렇지만 이것이 양자물리학에서 실재에 대한 직관적 이해가 가능하다는 것을 의미하지는 않는다. 양자역학적 현상은 거시적 언어를 통해서 서술되어야만 함에도 불구하고, 역설적으로 거시적 언어만으로 설명될 수 없다는 사실에서 심각한 어려움이 생긴다.

측정 순간의 파동함수의 붕괴는 인식론적 해석에 속한다. 왜냐하면 양자역학에서 인식론적 과정은 곧 측정과정을 뜻하기 때문이다. 상보성 원리에서도 현상의 인식론적 과정이 문제가 되고 있기 때문에, 상보성 원리를 굳게 믿고 있는 물리학자에게 전통적인 존재론적 실재 개념을 질문하는 것은 무의미하다. 따라서 코펜하겐 해석의 측면에서 볼 때, 양자상태의 물리적 실재의 개념을 이해할 수 있는 가능성은 고정된 실체에 대한 경직된 결정론적 방정식이라는 기존의 시각에서 벗어날 때 비로소 이루어질 수 있다.

앞에서 확인한 것처럼 물리적 대상의 실재에 관한 보어의 견해는 아인슈타인의 물리적 실재론과 분명하게 대비된다. 아인슈타인의 실재론에서 물리적 실재란 다른 실체들에 대해 독립적인 속성들을 가지는 그런 실체(Substanz)이다. 반면 보어에게 있어서 실재는 실체들 사이의 관계이며, 측정은 그 관계의 한 가지 특수한 경우이다. 아인슈타인에게는 "원래부터 독립적으로 존재하는 물리적 상태를 발견하는 것이 물리적 실재를 파악하는 것이며" 보어에게서는 "관찰을 통해 관찰 전과 전혀 다른 생태로서의 새로운 물리적 실재가 탄생한다." 결국 물리적 실재를 파악하는 일은 양자대상의 상태와 측정장치의 거시물리적 상태 사이의 상관성을 해명하는 일이다.

양자상태를 서술하는 물리 방정식인 파동방정식은 측정이나 관찰과 동시에 한순간에 그 방정식이 갑자기 변한다. 물리적 상태의 동시성을 이해하기 위하여 흔히 '슈뢰딩거의 고양이' 비유를 자주 든다.

안이 들여다보이지 않는 블랙박스에 들어 있는 고양이 한 마리를 일러 슈뢰딩거의 고양이라고 하는데, 블랙박스를 관찰하기 전까지는 그 고양이가 살아 있는지 혹은 죽어 있는지조차 모르는 상태이다. 블랙박스의 뚜껑을 열기 전까지는 고양이의 상태를 모른다는 뜻이다. 그러나 그 고양이는 관찰하기 전까지 '살아 있거나 혹은 죽어 있는 것'(or)이 아니라 '살아 있으면서 동시에 죽어 있는 것'(and)이다. 이와 같은 특수한 상태에 놓여 있는 고양이를 슈뢰딩거의 고양이라고 부른다.

하지만 블랙박스를 열고 관찰하는 그 순간에 슈뢰딩거의 고양이는 '살아 있거나 혹은 죽어 있는 것'이 된다. 다시 말해 'and'의 상태에서 'or'의 상태로 전환하는 것은 바로 관찰행위의 작용이고, 그러한 전환을 파동함수의 붕괴라고 말한다.

이것을 기존의 개념언어로 이해하기는 매우 어렵다. 종래의 물리

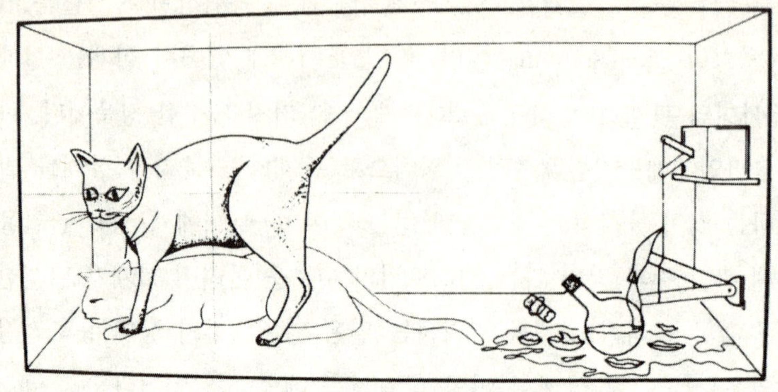

슈뢰딩거의 고양이. 안을 볼 수 없는 블랙박스 안에 고양이와 (양자상태에 의해 망치가 작동하는) 비커가 있다. 블랙박스를 열어 고양이가 죽어 있는지 살아 있는지를 확인하기 전에는, 즉 관찰 전에는 이 고양이는 죽어 있는 고양이 상태와 살아 있는 고양이 상태의 중첩적인 상태로 간주된다. 결국 관찰행위는 중첩상태에서 하나의 상태로 전환하는 '실재'의 탄생을 의미한다.

적 실재는 대상세계에만 해당하는 물리적 상태를 의미했지만, 양자론에서 말하는 물리적 실재는 관찰자와 대상이 하나로 연결된 하나의 전체 상태를 일컫는다.

관찰자를 포함한 전체 체계의 파동함수는 다양하고 거시적으로 서로 차이가 나는 상태들로 나누어진다. 그렇지만 우리는 전체 파동함수의 순수 상태나 파동함수의 붕괴과정이 아니라, 단지 관찰결과만 경험할 뿐이다. 이렇게 미분화된 상태들의 가능성들은 경험의 대상으로 간주될 수 없다. 앞의 데스파냐는 이러한 경험실재(Erfahrungsrealität)를 '실재 그 자체'(Realität an sich)와 구분하였는데, 관찰 전의 순수 상태를 포함하는 '실재 그 자체'는 가능태에서 현실태로의 전이가 아직 일어나지 않은 상태이기 때문에 통상적 의미의 물리적 실재가 아니라고 말한다.

한편 보어는 양자상태의 전체성을 강조한 반면, 하이젠베르크는 아리스토텔레스의 잠세태의 의미로 측정과 측정장치 사이에서 일어나는 사건의 불확정성을 이해하고자 했다. 그래서 하이젠베르크는 잠세태적 실재를 불확정성의 관계 속에서 정의하여, 이를 제3의 실재 혹은 중간 실재(dritte oder intermediäre Realität)라고 불렀다.

하이젠베르크의 이해방식에 따르면, 전체 상태는 단지 가능태이며, 경험실재와 실재 그 자체 사이에 있는 어떤 중간 실재이다. 이러한 "실재는 측정장치의 수단을 통해 현실태를 낳게 하는 가능태일 뿐이다." 그 실재는 "고전물리학의 의미로서의 실재는 아니지만, 진정한 물리적 실재를 함축하는 가능태이다".

바로 이 잠세태의 실재 개념에서 양자역학적 존재론이 나올 수 있으며, 그 안에서 공존의 상태(der koexistente Zustand)가 형이상학적으로 언급될 수 있다. 공존의 상태는 "양자역학적 존재론을 적절하게 표현한다. 그러나 여기서는 강한 과학적 의미로 그 존재론을 말하는 것은 아니다." 그럼에도 불구하고 양자역학적 존재론은 우리의 언어로 완전하게 서술할 수 없다는 실재론의 새로운 형이상학적 근거를 마련하는 특별한 방식을 제시한다. 이러한 실재론을 데스파냐는 '먼 실재론'(fernen Realismus)이라고 부른다. 그렇지만 먼 실재론 또한 실재와 우리의 언어 사이에 놓여 있는 간극을 메워주기에는 쉽지 않은 난제를 안고 있다.

결국 양자역학의 철학적 기초는 우리의 언어로써 어떻게 존재론적 접근을 시도할 수 있는가 하는 문제를 안고 있다. 양자역학에서 새로운 언어에 대한 요청은 일상언어의 구조 안에 다 포괄되지 않는 존재론적 이해를 다시 우리의 언어로 표현해야 하는 최소한의 당위적 문제이다.

이제 작은 결론을 내려보자. 상보성 원리에 걸맞은 실재 개념은 관계의존적인 전체 상태의 개념에 의존한다. 따라서 상호의존적인 전체 상태로서의 실재를 정확하게 이해하기 위해서는, 인식론적 관점과 더불어 존재론적 관점을 가지고 실재의 문제를 탐구해야 한다.

이런 시각을 바탕으로 해서 하이젠베르크의 자연관을 그의 입을 통해 들어보기로 하자. "우리가 관찰하고 있는 것은 자연 그 자체가 아니라, 우리의 질문방식에서 드러난 자연이다. 마찬가지로 삶의 조화를 추구하는 삶이라는 전체 드라마에서 우리는 관객이며 동시에 배우라는 사실을 결코 잊어서는 안 된다."

양자정보이론은
완벽한 보안장치인가

양자 전산, 큐비트, 양자암호, 상호관계망

결국 양자상태의 함수값은 중첩과 붕괴에 의해 기술된다. 중첩은 관찰 이전의 양자상태이며, 붕괴는 관찰이나 측정 행위와 동시에 변화된 양자상태의 비가역적 변화를 의미한다. 결국 관찰 이전의 양자상태는 어떤 규정된 값으로 인식할 수 없고 모든 값이 중첩된 상태를 말한다.

예를 들어 고전적 의미의 인식은 어떤 대상에 대해서도 0과 1로 비트화하여 환원할 수 있다. 따라서 인과적 인식범주에 포함된다. 그러나 양자상태는 0과 1이 혼재되어 있는 상태를 유지하면서 타자의 교란을 기다리고 있다. 교란이 있기 전까지는 계속 0과 1의 중첩상태를 유지한다. 0과 1의 중첩상태란 0과 1을 동시에 포함한다는 뜻도 있지만, 0과 1 사이의 무한한(유한하지만 무수히 많은, 무한에 가까운) 상태값을 가지고 있다는 뜻도 된다.

고전적 인과관계는 0과 1로 규정되어야만 이른바 인과율이라는 이름이 붙여질 수 있다. 그러나 양자상태는 0과 1로 규정될 수 없기 때문에 무한한 값을 잠재적으로 산출할 수 있다. 바로 이러한 물리적 근거를 바탕으로 양자 전산(Quantum Computation, QC)이 가능해진다. QC는 원자 단위에서 획기적으로 빠른 속도가 가능하며 중첩성 때문에 더 많은 양을 전산할 수 있다. 단순히 원자라는 작은 단위의 비트 때문이 아니라 중첩성 때문에 발생하는 전산의 확장폭은 상상을 초월한다.

그러나 중첩성에 의한 양자상태를 전산에 활용하기 위해서는 궁극적으로 0과 1 사이의 연속상태를 어느 정도의 구획값을 설정하여 불연속적 단위로 만들어주어야 한다. 양자상태의 이러한 임의적인 비연속적 단위를 일반적으로 (최근 들어) 큐비트(qubit)라고 부른다. 그런데 문제는 이 큐비트의 단위가 기존의 전산단위인 비트의 성질과 다르다는 점이다. 우선 기존의 비트값은 관찰자의 관찰행위와 관계없이 독립적인 서술방식을 유지할 수 있다. 그러나 큐비트는 관찰자의 관찰행위 혹은 대상에 대한 교란행위가 발생하는 동시에 그 값을 기술할 수 있다. 이러한 성질을 이용한 것이 바로 양자정보이다.

양자정보는 기존의 비트정보 방식과는 비교가 안 될 정도로 엄청난 정보량을 유지하며 또한 전송할 수 있다. 하지만 양자정보의 특징은 단순히 어마어마한 정보량에 그치지 않는다. 큐비트로 구성된 양자정보는 그 정보가 중첩된 양자상태로 이동하기 때문에, 그 정보를 열어보는 순간에 정보량과 정보내용이 변환된다. 따라서 양자정보는 원리적으로 도청이 불가능하다.

도청이란 물리적인 측면에서 볼 때 일종의 관찰행위이다. 다시 말해서 제3자의 관찰행위인 것이다. 그러므로 제3자의 관찰행위 즉 도청이 개입될 경우, 양자정보의 중첩이 붕괴되면서 정보의 고유값이 형성된다. 따라서 모든 양자정보는 도청에 대한 제어장치를 자동적으로 겸비하는 결과가 된다. 제어뿐만이 아니라 상대방의 위치 및 도청 에너지 수준까지도 파악할 수 있다.

이러한 원리를 거꾸로 이용하면 바로 제3자의 그 누구도 풀 수 없는 암호가 가능해진다. 암호란 결국 제1자와 제2자 간의 커뮤니케이션이다. 그런데 양자암호는 이같은 철저한 보안기능 외에 쌍방향 소통기능 또한 제시한다. 그러므로 이런 보안기능과 쌍방향 소통기능은 양자상태의 교란 가능성 및 중첩상태의 모호함이 오히려 장점으로 전환되는 한 가지 사례라 할 수 있다.

암호풀이는 반드시 제1자와 제2자의 소통방식에서 가능하다. 따라서 동일한 양자정보라 할지라도 소통방식이 다른 제1자와 제3자 사이의 소통에서는 다른 암호풀이가 되어버린다. 제3자가 비밀시스템 안으로의 진입이 허용된 사람이라도 말이다. 결국 동일한 정보를 담고 있는 시스템이라 할지라도 그 시스템 안의 정보를 열람하는 사람마다 다르게 변환된 정보를 입수하게 된다. 이를 앞에서 붕괴 혹은 감축이라고 했다.

중첩상태에서 붕괴상태로의 전환은 경계가 없는 인식에서 경계가 있는 인식으로 전환되는 일과 비슷하다. 중첩상태는 경계를 구획할 수 없는 정보상태이다. 그것은 언어적 지식을 넘어선 상호관계망의 차원으로 유추될 수도 있다. 지금까지 관계망에 관한 유추는 모든 부분들이 하나로 묶여 그들 사이의 상관성으로 전체를 이루고 있는 상태로 연상되었다. 그러나 이러한 유추에 그치지 않고, 모든 부분들은 전체와 어떤 방식으로 조응하는가에 따라 다양하게 변화할 수 있으며, 전체라는 망 혹은 시스템 역시 부분들에 의해서 그 모습이 변화될 수 있다.

그러나 이미 말했듯이 이런 관계망의 존재가 내재된 것이어서 일상언어로 표현하기 어려운 문제가 있다. 언어로 설명할 수 없다고 해서 존재하지 않는다라고 주장하기도 어렵다. 결국 언어적 설명과 반언어 사이에서 생기는 갈등은 아주 큰 철학적 문제이다. 그래서 양자상태의 세계상과 상호관계망으로 해석하는 입장은 최소한 열려 있는 세계의 다양성을 확인할 수 있는 중요한 계기가 된다.

이는 내재적 존재에 대한 언어적 표현이 불가능하다고 해서 존재를 부정하는 닫힌 마음을 경계해야 한다는 뜻이다. 즉 자연은 하나이지만 그것에 접근하는 길은 무한히 다양할 수 있다는 열린 가능성을 받아들이는 일과 같다. 그리고 언어의 인식론적 한계를 인정하고 존재의 무한함을 인정하는 일, 이것이 양자론 과학의 의미이다.

자연변증법을 양자론의
상보성 이론으로 본다면 어떨까

자연변증법에 대한 논의는 지금까지 유물변증법이라는 정치이데올로기에 가려 그 논의가 별로 이루어지지 않았으며, 이루어졌다 해도 왜곡되기 십상이었다. 그러나 지난 수십 년 동안 현실정치의 대립된 이데올로기에 얽매여 있던 자연변증법에 대한 해석은, 소비에트 해체 이후 훨씬 자유롭고도 올바른 시각 아래서 다루어질 수 있게 되었다. 사실 정치적 좌파라는 이유로 일반인에게 잘못 이해될 수 있었던 변증법의 핵심 문제를 되찾는 일이 시급하다.

여기서는 변증법에 대한 기본적인 논거 몇 가지를 먼저 이야기하고자 한다.

첫째, 내용 없이 형식적이고 추상적인 진리만을 찾는 논리적 모순과 달리 변증법적 모순은 구체적으로 실재하는 대립물들의 통일적 관계이다.

둘째, 대립물의 통일관계는 본질적으로 내적 관계이며 그 내용은 자립성과 상호의존성이다.

셋째, 상호의존적 대립물은 발전적 방향으로 나아가는 하나의 계기이며, 이는 부정과 보존을 같이하는 지양(Aufheben)의 관계로 나아간다.

그럼 이와 같은 자연변증법이 양자론의 상보성 이론과 어떤 연관성이 있는지를 살펴보기로 하자. 자연변증법과 상보성 이론을 비교해 보려면, 무엇보다도 빛의 이중성을 예로 드는 것이 좋다.

빛이 파동인지 입자인지 하는 문제는 서구사회에서 중세 때부터 치열한 논쟁점이 되어왔으며, 뉴턴과 괴테의 대립에서도 나타났다. 뉴턴 이래 19세기 중반까지는 입자론이 우세했으나 그후 19세기 말까지는 파동론이, 그리고 20세기 초에는 다시 입자론이 우위를 차지했다. 그러나 아인슈타인의 상대성 이론과 양자역학이 등장하면서, 입자성과 파동성이 동시에 이야기되어야만 빛의 본성을 가장 가깝게 설명할 수 있다는 것이 결정적으로 확인되었다. 이제 빛의 입자성과 파동성의 상보성은 정설이 되었고, 다만 이런 상보성을 우리의 자연 언어로 설명할 수 있는가 하는 문제가 남아 있다.

형식논리적으로 볼 때, 파동 개념은 입자 개념과 모순이 아니다. 그러나 내용적으로는 분명히 모순이다. 내용적 모순은 형식적 모순과 달리, 통일을 거부하지 않으며 오히려 모순을 지양하고 통일을 지향한다. 동시에 하나의 물질 개념이 입자와 파동을 함께 갖는다고 해서 신기한 일은 아니다. 왜냐하면 바로 그것이 자연의 본질이기 때문이다. 사과는 붉을 수도 있고 그렇지 않을 수도 있지만, 빛은 반드시 파동적이어야 하고 동시에 입자적이어야만 한다. 따라서 이 빛의 입자와 파동의 상보적 통일성은 우연성이 아니라 필연성이다.

특히 불확정성의 원리를 직접적으로 현시하는 미시적 대상의 위치와 운동량의 상보성을 예로 들어보면 더욱 분명해진다. 위치(x)와 운동량(p)이 한 사물의 우연적 요소가 아님은 너무 당연하다. 관찰을 통해서 미시적 대상의 두 요소가 비록 동시적으로 결정될 수 없다 할지라도, 그 대상은 엄연히 그대로 존재한다. 즉 상호의존적이거나 상보적이지만 자립성을 갖는다. 시간과 에너지의 관계도 그렇고, 미시세계의 인과율과 시·공적 서술의 관계 또한 상보적이다. 양자론에서는 이 관계들을 서로 배제하거나 무시해 버리면 자연을 올바르게 서술할 수 없다.

상보적이라 함은 배제의 뜻보다는 조화의 뜻을 담고 있다. 또한 유기체적 관계를 내포하기도 한다. 자연변증법의 바로 이러한 내용적 모순의 통일이 상보성을 함축한다. 그러므로 자연변증법도 선형적인 대립구조가 아니라 조화와 유기적 통일성으로 다시 조명할 필요가 있다.

조화와 유기적 통일은 형식적 이론구조로 그치는 것이 아니라 구체적인 사실로서 자연 속에 나타난다. 그리고 빛의 상보적 성질은 인간의 측정행위나 관찰방식에 따라 상대방을 부정하는 것으로 보이기도 하지만, 동시에 서로를 보존하고 상응하기도 한다. 이 점에서도 양자역학의 상보성 이론과 자연변증법은 서로 만난다.

자연변증법의 과학철학은 엄밀하게 존재론적인 방향에서 본 과학철학에 속할 수 있다. 그러나 그 존재론은 형이상학이 아닌 역사와 구체성이 개입된 존재론이다. 물질을 감각자료들의 다발(bundle)로서 설명하거나 형식논리로 설명하는 방식은 물질 안에서 발생하는 모순을 형식적인 차원에서 보는 것에 그치고 만다고 콩트는 강조했다. 쉽게 말해서 자연을 인간의 이성인식 안에 가두어 관찰한다는 뜻이다.

그러나 자연은 형식모순으로 설명이 완료되는 것이 아니라 본질적으로 모순관계를 지닌 대립적 존재가 통일되는 과정 속에서 그 본연의 모습을 드러낸다. 따라서 앞에서 이야기한 빛의 파동성과 입자성은 그것이 형식적 모순관계가 아니며 동시에 단순한 감각자료들의 다발도 아니라는 것을 인지할 필요가 있다. 빛의 이중성은 인간인식의 우연성에 그 원인이 있다기보다, 물질의 필연적인 내적 관계에서 비롯되기 때문이다. 바로 이러한 필연성의 내적 관계를 올바르게 인지하면, 물질을 운동하는 대립적 계기들의 유기적 통일로서 이해할 수 있게 된다. 자연의 모든 물질은 대립적 계기들의 운동관계라는 점이 상보성 이론의 핵심이다.

지금까지 알려진 바에 의하면 물질의 끝인 쿼크(quarks)에서 중력장에 이르기까지 모든 사물은 대립물들의 내용적인 모순운동이다. 자연현상을 데모클리토스적인 원자론적 물질들의 외적 관계로 설명하는 고전과학의 세계관은 양자론 이후 그 적용의 한계를 인정할 수밖에 없었다. 이런 계기가 있은 이후 자연변증법에 대한 과학적 재해석은 새롭게 조명되고 있다.

과학철학은 과학에 대한 반성적 해석이며, 그 반성의 주체는 어디까지나 인간임을 잊어서는 안 된다. 그러므로 과학철학은 인간학에서 출발해야 한다. 이것이 바로 개별 과학과 과학철학의 다른 점이다. 변증법도 인간학에서 출발할 때만이 수긍할 수 있는 진정한 자연학이 될 수 있다. 그래서 과학철학은 형식과학의 범주 안에 갇혀서는 안 되며, 자연과 인간의 대화를 구체적으로 담아내는 종합적 자연철학의 의미를 포괄해야 한다.

인간학과 자연학을 같은 방법론으로 무차별하게 다루는 것은 맹목적이지만, 두 영역을 고립시키는 것은 더더욱 허무한 태도이다. 그래서 종합과학의 가능성은 현실 개별 과학의 진보와 변화를 눈여겨보는 태도와, 철학과 과학을 상보적으로 이해하려는 태도에서 나오며, 더 넓게는 과학과 역사를 상보적으로 이해하려는 태도에서 나온다.

오늘날 과학과 철학은
어떻게 만나고 있나

영미 과학철학의 전통

사회철학, 종교철학, 언어철학, 정치철학과 같이 과학철학도 철학의 한 분과로 다루어진다. 분과철학으로서의 과학철학은 이미 고대 그리스 철학에서부터 이야기되어 왔으나 독립된 분과철학으로 이름 붙여진 것은 최근의 일이다. 서구의 각 분과철학은 탐구대상을 달리하고 있지만, 그렇다고 독립된 방법론을 가지는 것은 아니다. 과학철학은 서양철학의 거의 모든 문제에 반영되고 있으며, 다른 분과철학의 방법론이 과학철학에도 깊이 스며들어 있다. 고대 자연철학에서 칸트에 이르는 근대 인식론의 논의들이 과학철학의 주요한 방법론적 논거들을 대신 말해 주고 있는 것과 같다.

플라톤과 아리스토텔레스 위에 정초된 형이상학의 존재론적 근거인 실체(substance)의 역사는 곧 서구 철학과 과학의 역사이기도 하다. 신이나 절대자 혹은 이데아나 과학법칙으로 옷을 다양하게 갈아입고 나타나는 무소불위의 실체는 중세 유명론 논쟁에서 시작하여 근대 경험론자들에 의해 조금씩 반성되기 시작했다.

근대 경험론 철학자인 흄은 추상적인 실체의 존재를 전면적으로 부정하면서 인식의 근거를 외적 감각자료에만 두었다. 그리고 이같은 전통은 베이컨의 실험과 관찰의 정신에서 출발하여 19세기 에른스트 마흐(Ernst Mach)의 실증주의를 거쳐 20세기 초 논리실증주의를 탄생시키는 주요한 계기가 된다. 나아가 논리실증주의에 결정적인 영향을 준 것은 비트겐슈타인의 초기 철학인 명제적 원자론이다.

흄은 대상(objekt)을 세계구성의 최초의 원자적 단위로 본 반면, 비트겐슈타인의 원자론은 사실(Tatsache)을 세계의 기본 단위로 본다. 다시 말해서 흄은 세계를 인식하는 기본 단위를 경험적 '인상'에 둔 데 비해, 비트겐슈타인은 명제를 구성하는 사건을 기본으로 한다. 따라서 흄의 세계는 사과·소나무·태양·컴퓨터 등과 같은 개체들의 집합이며, 비트겐슈타인의 세계는 "사과가 익었다" "소나무는 푸르다" "태양은 태양계의 중심이다"와 같이 명제를 구성하는 사실들의 집합이다.

그러므로 과학적으로 의미 있는 명제는 그 명제가 지시하는 사태가 실제로 있는지를 살펴보면 된다. 사태는 논리적으로 가능한 사실이며, 사실은 실제로 있을 수 있는 사태이다. 사태에 해당하는 명제는 모두 유의미하며, 사실에 해당하는 명제도 역시 참이다. 유의미한 명제는 사태의 논리적 그림이며, 무의미한 단어의 결합이나 사실과 대응이 안 되는 형이상학적 명제는 겉으로 보기에 명제이지만 사실은 사이비 명제라고 보는 것이다. 따라서 이러한 대응주의를 그대로 답습한 20세기 초의 논리실증주의의 주된 관심사는 논리적 진리를 담보하는 언어형식의 추구에 있었다.

　　논리실증주의는 경험적으로 검증된 것만을 의미 있는 것으로 보아야 한다는 검증주의로 발전한다. 그러나 나중에 이러한 검증주의의 딱딱한 기준이 붕괴되면서 확증주의 그리고 더 나아가 포퍼(Karl Popper)의 반증주의 과학철학이 20세기 중반을 풍미하게 된다. 포퍼의 진리기준은 반증주의라고 하지만 여전히 검증주의의 수정된 양태를 띨 뿐이며 과학의 탐구방식을 이성의 도구 안에 묶어놓는다.

　　포퍼는 검증주의가 갖는 검증의 완전 실현성 문제에 회의를 하면서, 반증주의를 만들었던 것이다. 예를 들어 "소나무는 겨울에도 푸르다"라는 보편명제를 증명하기 위해서 원칙적으로 세계에 존재하는 모든——하나도 빠짐없이——소나무를 관찰해야만 한다. 하지만 실제로 이것은 불가능하다. 따라서 오히려 푸르지 않은 소나무 한 그루를 찾아내기만 한다면 앞의 보편명제는 거짓으로 증명되며, 그에 따라 앞의 보편명제 혹은 일반법칙은 폐기되어야 한다. 그리고 이렇게 폐기될 수 있는 가능성을 가지고 있어야만 오히려 과학법칙이 될 수 있다는 말이다. 이것이 반증주의의 기본 내용이다.

　　20세기에 들어와서 자연과학이 급속히 발전하면서 세밀하게 전문화됨에 따라, 과학과 철학은 분리되기 시작하였다. 그리고 철학의 인식론과 존재론이 과학의 법칙과 현상들을 제대로 설명해 주지 못하는 결과를 가져왔다. 이를테면 기존의 과학방법론 형성의 근거인 합리적 이성은 과학의 자연학적 현상들과 과학탐구의 사회학적 변이구조들을 제대로 설명할 수 없다는 식이다.

　　한편으로 과학탐구는 분과과학의 이론 내적인 기준을 통해서만 보려는 합리주의에서 벗어나, 이론 외적인 기준들 즉 과학자 개인의 심리적 취향이나 과학자집단 공동의 보수성과 이해관계 등이 과학이론 형성에 영향을 미칠 수 있다고 보는 반합리적 과학철학도 크게 대두되었다. 그 가운데 하나가 쿤(T. Kuhn)에 의해 제시된, 한 이론이 다른 이론으로 이행할 때 그 이행기준이 합리적인가 아니면 개종과 같이 주관적이고 심리적인 변화인가를 이야기하는 이른바 역사주의적 관점이다. 이제 쿤의 과학철학은 철학에서보다 오히려 사회과학에서 더 많이 논의될 정도로 확산되었다.

과학혁명의 과학철학

쿤의 과학혁명 해석은 전통적인 합리주의 과학철학과 사뭇 다르다. 그는 상호 대립하는 과학이론들 사이에서 이론 내적인 합리성의 잣대보다는 오히려 과학자집단의 이해관계나 사회적 분위기 등과 같은 비합리적 요소들이 과학이론의 변화과정에 더 큰 영향을 줄 수 있다고 본다. 과거의 과학과 새로운 과학은 혁명적 변화를 일으킨 것이기 때문에 그들 사이에는 공통된 언어의 교량이 없으며, 따라서 서로 언어적으로 소통이 불가능하다는 것이다. 결국 쿤의 과학철학은 기존의 합리적 정당화주의자들이 볼 때 완전히 비합리적인 기준으로 과학이론 체계의 전이과정을 다루는 것이다. 이 이론을 패러다임 전이(paradigm shift)라고 말한다. 여기서 전이는 연속적으로 그리고 누적적으로 생기는 것이 아니라 갑자기 그리고 단속적으로 일어난다.

한편 과학철학은 크게 보아서 앞에서 언급한 검증주의나 반증주의와 같은 정당화주의(Justification)라 불리는 합리주의 노선의 과학철학과 역사주의라 불리는 반합리주의 노선의 과학철학으로 나뉜다. 그렇지만 과학철학은 합리주의이건 반합리주의이건, 기본적으로는 영미계통에서 많이 논의되는 과학의 방법론에 대한 철학적 논거이다.

반합리주의 과학철학에서 더욱 강경한 노선으로는 파이어아벤트의 철학적 무정부주의의 과학철학과 폴라니의 환원주의 비판의 과학철학이 있다. 파이어아벤트의 과학방법론은 '무엇이라도 좋다'(anything goes)는 그의 간판격의 명구처럼 정형화된 방법론 자체를 부정한다. 실제로 과학이나 예술, 더 나아가 신화까지 포함해서 이 가운데 어느 것이 더 나은 방법론적 체계라고 말할 수 있는 이성적 기준은 없다고 그는 말한다. 파이어아벤트의 과학철학은 최근의 포스트모더니즘 논쟁에 한몫하고 있는데, 이는 합리성이라는 사유의 도구로 정형화한 모든 것을 해체하고자 하는 포스트모더니즘의 생각이 파이어아벤트의 '무엇이라도 좋다'는 생각과 근원적으로 일치하기 때문이다.

과학방법론의 과학철학은 원래 인식론적 탐구태도에서 나온 줄기이다. 반면에 과학적 탐구대상의 존재론적 지위를 묻는 존재론적인 방향에서의 과학철학이 있다. 이런 존재론적 과학철학은 유럽 쪽에서 많이 논의되고 있으며 현대 자연철학이라는 이름으로 더 많이 불리고 있다. 여기서는 과학적 실재가 무엇인지를 물으며, 현실 자연과학의 물질관 및 우주관에 대한 철학적 탐구가 이루어진다. 예를 들어 뉴턴 역학의 공간론이나 인과율에 대한 양자역학의 반론이 철학적으로 무슨 의미가 있는지 질문한다. 또한 아인슈타인의 일반상대성 이론에서 본 우주진화론을 이야기하며, 고에너지 물리학에서 본 물질론이며 카오스 이론에서 말하는 자연세계의 질서가 어떤 철학적 의미를 지니는지를 연구한다. 이러한 자연철학 계통의 과학철학은 과학방법론의 인식론적 과학철학과 달리 존재론적 철학의 면모를 지니고 있다.

현대 자연철학의 등장

과학방법론의 체계화는 20세기 학문의 위대한 성과로 이어졌으며 인간이성의 승리라고 자체 평가하기에 이르렀다. 이에 힘입어 자연과학은 크게 발전할 수 있었으나, 인문학에서는 다른 문제를 낳았다. 왜냐하면 이성은 방법론을 구축하는 데 결정적인 기여를 하기는 했지만, 내용과 구체적 현실 그리고 역사를 간과했기 때문이다. 요컨대 이성이 과학에 기여한 것을 인정하면서도, 그 기여가 과학탐구의 의미론보다는 형식적 구문론에 치우쳤다는 지적이다. 형식론은 그 자신을 변화시키지 않고서도 왜곡된 의미를 산출할 수 있는 위험성을 내포하고 있기 때문이다. 20세기 중반 들어서면서 이러한 위기의식에 의해 역사적 현실 속에서 왜곡된 형식론을 지적하고 실증주의와 합리주의의 역사관에 대해 심각한 비판이 일기 시작했다. 이는 왜곡된 합리주의, 권력을 옹호하기 위한 도구화된 합리주의, 절대성을 지향한다는 명목으로 대화를 거부하는 카리스마화된 합리주의, 경험계의 오류를 극복한다는 명목으로 독단화된 합리주의를 반성하고 비판하고 거부하며 나아가 해체하려는 문명사적 반전이기도 하다.

이성에 대한 비판은 구체적으로 검증주의를 바탕으로 한 과학주의에 대한 반성에서부터 시작한다. 현대 과학주의의 모태는 실증주의에서 찾을 수 있기 때문에, 우리는 서구의 과학주의가 갖는 함정을 눈여겨보아야 한다. 고전적 과학주의는 인간인식의 한계를 지적하고 그 한계 내에서 인식의 최대화를 시도하는 것이다.

실증주의는 과학주의와 연계되면서 인식 가능성의 한계 밖에 있는 것을 억지로 인식의 영역으로 제한하는 모순을 드러내게 되었다. 계량화 혹은 형식화할 수 있는 대상을 형식화하는 것은 문제가 있을 수 없으나, 원래 계량화나 형식화할 수 없는 것을 형식의 구도 속에 넣음으로써 계몽주의 이성의 문제는 시작되었다. 이러한 계몽주의 이성의 정착기는 방법론으로서의 실증주의가 태동하는 시기와 맞물리면서 근대과학의 혁명을 예고하였다. 이렇게 계몽주의 이성은 자연을 형식화하는 데 성공했다고 말했지만, 그 자연은 닫힌 자연이었다.

이제 인간의 이성으로 파악할 수 있는 자연의 영역은 어디까지인지를 물어보아야만 한다. 고전과학에서 본 인간의 자연인식의 영역은 인간인식의 한계 안으로 자연을 구속시켰다. 그러나 20세기 후반 들어와서 자연과학의 발전은 그러한 자연인식이 얼마나 자연의 영역을 좁혀놓았는지 반성토록 했다. 따라서 과학철학의 흐름도 종래의 인식론에 국한된 것이 아니라 존재론을 수용하면서 과감하게 실제적인 자연의 모습을 담을 수 있는 자연철학을 이야기할 수밖에 없게 되었다.

근대 자연과학은 데카르트와 뉴턴의 기계론적이고 결정론적인 사유방식 위에서 발전되어 왔다고 말한다. 이러한 결정론적 사유방식 밑에는 우리의 자연 속에 엄연한 질서의 구조가 숨겨져 있다는 생각이 깊게 깔려 있다. 이 질서구조의 숨겨진 정도가 너무 강하여 인간 이성으로는 끝내 그 질서를 찾을 수 없다는 입장을 철학적으로 불가지론이라고 부른다. 그러나 역설적으로 불가지론은 과학을 발전시킨 내적 동력이 되었다. 불가지론은 실재론을 함의하고 있기 때문에, 그 실재의 존재성은 과학적 탐구를 가능하게 만든 존재론적 근거가 되었던 것이다. 그러나 과학은 전체 질서의 실재를 파악할 수 없었으며, 다만 전체 질서계의 아주 작은 부분만 겨우 탐지해 내는 역량을 보여주었다.

그럼에도 불구하고 서구 근대과학의 자존심은 불가지론의 입장을 표명하지 않는다. 과학이 찾아낸 아주 작은 부분의 질서를 전체 질서계로 생각하면서, 찾아내지 못한 나머지 숨겨져 있는 질서계를 무질서 혹은 우연의 세계로 전락시켜 버렸다.

기존의 과학이 가지고 있는 질서의 기준은 우선 현상의 규칙성을 들 수 있다. 그래서 과학의 대상은 규칙적인 것을 필연성으로 보고 불규칙적인 것을 우연성으로 보아, 우연성의 세계를 과학의 탐구대상에서 배제시켜 버렸다. 그러나 질서의 기준을 눈에 보이는 현상적 규칙성으로 잡는 일이 얼마나 과학의 범위를 좁게 하는지를 알게 되면서부터, 18세기 들어서는 현상적으로는 우연적인 것도 내재적으로는 필연적인 것이 있음을 인지함으로써 과학의 범위는 폭발적으로 넓어지게 되었다.

자연과학의 범위가 넓어졌다는 말이 가지는 구체적인 내용은, 자연과학이 인식론적인 방법론에만 그치는 것이 아니라 존재론까지를 언급하게 되었다는 것이다. 더욱이 여기서 말하는 존재론은 이성인식에 의한 기존의 실체론에 구속된 존재론이 아니라 내적 관계론을 포용하는 새로운 의미의 존재론을 말한다. 이러한 뜻에서 철학적 자연탐구는 기존의 과학철학뿐만 아니라 이른바 자연철학이라는 패러다임이 요구되었다.

현대 자연철학의 범위

현대 자연철학의 흐름은 기존의 자연에 대한 칸트식의 인식영역
에 제한되는 것을 거부한다. 현대과학의 새로운 경향은 인간이 인식
할 수 있는 자연의 대상이 무한에 가깝다는 것을 당위적인 신학이
아닌 사실적인 경험학의 체계에서 수용하려고 한다는 것이다. 따라
서 제한된 인간의 인식영역을 화석화시킨 칸트의 이론이성의 영역
밖에서도 자연과학적 탐구가 가능해야 한다는 점을 주장한다.

그러나 아직은 과학의 수준이 자연현상 밑의 다양한 비밀스러움
의 포괄성을 담아낼 수 없는데다 기존의 '과학적'이라는 수식어의 보
수적 한계성으로 말미암아, 과학철학에 존재론이 개입하는 것을 꺼
리고 있는 현실이다. 이와 같은 보수적 과학철학은 과학탐구의 영역
을 과학방법론에만 국한시키고 있다.

인간의 인식능력의 한계를 스스로 인정하고 그 안에서 실증적 과
학적 산물을 찾는 것은 당연한 인식론의 길이기는 하지만 그러한 실
증적 방법론을 가지고 자연의 존재 자체를 재구성하거나, 존재보다
인식을 우월한 위치에 놓음으로써 오로지 인식의 가능한 영역만을
자연의 전체라고 간주하는 것은 계몽주의의 독단일 뿐이라고 현대
이성비판론자들은 주장한다. 그렇다고 자연철학이 존재의 가능성만
을 말한다고 보아서는 안 된다. 문제는 인식의 방법론이 스스로 경직
된 틀을 형성하여 그러한 틀로서 자연의 진정한 모습을 이해하는 데
방해가 되어서는 안 된다는 말이다.

결국 고대 그리스의 소크라테스 이전의 자연철학 시대나 중세 신
학과 윤리학에 나타나는 자연철학이나 19세기 독일을 중심으로 풍미

했던 자연철학 그리고 20세기 후반에 새롭게 부각된 현대 자연철학을 막론하고, 자연철학은 인간의 인식충동을 촉발한 것이 무엇인가 하는 인식의 원천을 찾아야 한다. 그리고 그러한 인식의 원천은 반드시 자연의 존재 원형을 되살리는 작업에서 시작되어야 함을 확인해야 한다. 그런데 불행하게도 이러한 존재의 원형은 인간에게 숨겨져 있을 뿐이다. 숨겨진 존재의 원형을 더듬는 작업을 문학적 창작력 혹은 신화적 상상력 아니면 관념철학에만 맡기는 일은 더더욱 위험스러운 일이며, 이제는 자연철학이 이 작업에 적극적으로 나서야 한다.

어쨌든 자연철학은 과학방법론에 국한되는 것을 거부하지만, 그렇다고 해서 철학적 형이상학의 논의 안에 제한되는 것도 아니다. 특히 현대의 자연과학의 발전에 따라 자연철학의 이해방식은 방법론과 형이상학이 아닌 새로운 이해방식을 요청한다.

이에 따라 최근에는 다음과 같은 자연철학 연구의 경향이 나타나고 있다.

첫째, 과학의 탐구대상인 물리적 실재가 존재하는지 아니면 어떻게 존재하는지를 논의하는 과학실재론의 논쟁이다.

둘째, 자연주의 혹은 자연주의적 인식론 혹은 자연주의 과학철학의 입장이 있다. 이 입장은 인식론에서 진화적 사유방식을 수용할 수 있는가 하는 문제를 포함하여 이성에 의해 재구성된 세계가 아닌 자연과학의 최근 성과를 통해서 부분적이나마 드러나는 자연의 모습을 점근적 방식으로 접근해 보려는 태도이다.

셋째, 자연의 총체적 모습을 그려보고자 하는 나름대로의 시도이다. 이러한 입장을 당분간 전일론적 자연철학(holistische Natur-philosophie)이라고 말하자. 전일론적 자연철학은 유기체 철학을 내

포하고 있으며, 반기계론적 생물학주의 등 최근 생명에 대한 전세계
적 관심과 더불어 크게 대두되고 있다.

넷째, 결정론과 자유의지의 전통적인 문제를 최근의 자연과학 발
전양상과 더불어 새롭게 재해석하는 경향이다. 여기서는 본격적으로
존재론을 건드리게 되는바, 실제로는 결정론과 자유라는 기존 개념
들을 사용하면서도 개념의 내용은 상당 부분 전통적 개념들을 벗어
나 있다. 형이상학적인 냄새가 가장 많은 부분이기도 하며, 철학뿐
아니라 최근 고에너지 미시물리학과 천체물리학에서 가장 논란의 대
상이 되고 있는 분야이기도 하다.

이러한 다양한 접근방식에 따라 자연철학의 연구영역은 다양하
다. 연구영역별로 구체적인 분과를 나누어보면 다음과 같다.

우선, 뉴턴 역학이 지니고 있는 결정론적 인식론에 대한 반성에서
부터 출발한다. 이로부터 양자역학에 대한 철학적 해석이 이루어지
고 있으며, 그후 닐스 보어의 상보성이 지니는 철학적 함의에 대해
본격적으로 논의하기 시작하였다. 양자역학의 자연철학적 함의는
'불확정성의 시대'라는 20세기 후반의 새로운 신드롬을 창출하면서
포스트모더니즘의 기조와 내적 연관성이 있다고도 볼 수 있다.

둘째, 카오스 이론이 선풍적으로 유행하면서 결정론에 대한 시각
이 크게 변해야 한다는 입장이다. 카오스 이론이 갖는 철학적 함의는
칸트가 구획해 놓은 이론이성의 한계는 선형적 세계관에서 해놓은
것이기 때문에 인간의 인식구조를 칸트식의 시각에 맞출 필요가 없
다는 이야기로 이끄는 경향이 강하다. 아무튼 기존의 철학이 선뜻 수
용하기 어려운 카오스 이론의 철학적 함의에 대해서도 현대 자연철
학은 나름대로 논의를 전개하고 있다.

246

셋째, 인지과학의 발전을 들 수 있다. 인지과학은 자연과학과 인문학이 만나고 또 만나야만 하는 중요한 영역이다. 그것은 심신론을 비롯해서 신경생리학 그리고 최근의 전산학과 정보이론 모두가 참여해야만 어느 정도의 결실을 볼 수 있는 학문이라는 점이 인식되면서, 자연철학의 참여 중요성이 더욱 크게 부각되었다. 형식의 방법론보다는 과학의 내용을 다루는 이같은 자연철학의 경향이 최근 들어 미국에서는 인식론적 자연주의라는 틀로 발전하고 있다.

심신론의 인지과학이나 진화론의 철학에서 생물철학에 이르는 아주 구체적인 과학성과의 내용을 존재론적 혹은 해석론적 범위에서 다루는 인식론적·과학적 자연주의는 현재 영미나 유럽의 과학철학에서 가장 많이 탐구되는 영역이기도 하다.

넷째, 생물학과 열역학 제2법칙에 연관된 화학의 발전과 더불어 최근에 등장한 유기체 이론들이다. 여기서는 역사와 문화현상까지를 설명하려는 시도를 보이지만, 이러한 시도는 진화론의 사회적용 과정에서 생긴 잘못된 사회진화론의 해석이 있었듯이 자칫 견강부회의 위험성이 도사리고 있다. 그밖에 요즈음 중국에서 유행하는 계통론(system theory, 체계이론)과 파국론(catastrophe theory), 정보이론, 공조론(synergetics) 등 자연과학의 방법론을 역사와 문화에 적용시키려는 시도도 있다. 하지만 각 연구영역의 타당성 여부를 떠나서 해석의 긍정성과 부정성을 다같이 고려해야 한다.

다섯째, 생물학적 진화론을 철학적으로 다루는 경향이 자연철학의 큰 주류로 등장하였다. 발달생물학에서부터 계통론과 진화론, 이타주의와 이기주의의 진화론적 해석들, 생명의 역사와 인류학의 측면에서 본 인간진화의 양상 등 현장 생물학과 철학적 해석의 결합을 시도하는 연구영역이다.

여섯째, 이외에 개별 자연과학이나 경험학에 대한 메타과학의 의미와 역할을 분석하는 작업으로서 자연철학의 기능이 있다. 윤리학에 대한 재조명, 과학의 사회적 역할 등 역사적 조망을 시도하는 자연철학과 과학의 문화적 의미를 진단하는 연구영역이다.

이러한 자연철학의 흐름들을 한마디로 말하기는 어렵지만 기존의 실체론적 과학철학과 달리 자연의 해석자로서 인간의 지위를 인정한다는 공통점을 가진다. 물론 그렇다고 해서 자연과 인간의 구분을 붕괴시킨다고 볼 수는 없다.

이상과 같이 과학철학을 탐구방식에 따라 살펴보았지만, 그 각각이 고정된 영역을 가지는 것은 물론 아니다. 과학철학은 과학에 대해 반성적인 태도를 보임으로써 과학적 세계관에 대한 철학적 질문을 던지는 것이지만, 그 반성의 주체는 어디까지나 인간임을 잊어서는 안 된다. 그러므로 과학철학은 인간학에서 출발해야 한다. 그리고 현대사회에서 과학이 차지하는 현실적인 영향력을 고려할 때, 과학철학은 넓게 보아서 학문기초론이며, 문화철학이 되어야 한다. 그렇기 때문에 과학철학은 형식과학의 범주 안에 갇혀서는 안 되며 구체적 내용을 담은 종합과학(synoptic Science)이 되어야 한다.

이러한 종합과학의 가능성은 현실 개별 과학의 변화를 눈여겨보는 세심한 태도와, 철학과 과학을 상보적으로 이해하려는 태도에서 나온다. 무엇보다도 과학철학은 좁은 철학적 논쟁의 틀에서 벗어날 때, 비로소 과학과 인간의 역사를 상보적으로 이해하는 데 도움을 줄 수 있을 것이다.